200 leichte Sudokus für harte Tage

Teil 1

Hideki Tanaka

© 2016 Hideki Tanaka
Deutsche Übersetzung von *Easy Sudokus for Hard Days – Volume 1*
Herausgeber: Ed. Dragón
ISBN: 978-1540706836
1 Auflage
Übersetzung: Patricia Veghelyi
Titelseite: Patrick Breig | Dreamstime.com
Spielanleitung: Albisoima | Dreamstime.com
Gedruckt von/Printed by: CreateSpace

Index

Einführung

Haben Sie auch schon mal solche Tage gehabt, an denen scheinbar die ganze Welt sich gegen Sie stellt? Wenn Sie alles vergessen und sich auf etwas anderes konzentrieren möchten? Wenn Sie genug Stress gehabt haben und nichts allzu Kompliziertes brauchen. Sie brauchen Ablenkung ohne übermäßigen geistigen Aufwand – der Tag an sich war schon schwer genug.

So ist *200 leichte Sudokus für harte Tage* ins Leben gerufen worden. Die meisten Sudoku-Bücher bieten verschiedene Sudokus von der leichten bis zur schweren oder sogar sehr schweren Stufe. Aber nicht dieses. Alle 200 Rätsel sind leicht. Das Buch ist dafür gedacht, dass Sie es in die Hand nehmen und alle Probleme des schweren Tages vergessen können. Das Leben ist viel zu hart dafür, dass Sie Ihre Erholungszeit mit etwas Schwerem verbringen sollten.

Da *200 leichte Sudokus für harte Tage* in die Kategorie "Leicht" fällt, können Sie es eventuell auch mit Ihren Kindern teilen. Nach all den Schwierigkeiten bietet es die beste Ablenkungsmöglichkeit. Sie können sich auch mit Ihren Kindern hinsetzen und die Rätsel gemeinsam lösen. Dadurch wird auch Ihre Bindung gestärkt und Sie können dazu beitragen, dass sie beginnen, kreativ zu denken. Dies ist eine der vielen Methoden zur Anregung des jungen Geistes.

200 leichte Sudokus für harte Tage eignet sich auch hervorragend für Sudoku-Anfänger. Beginnen Sie zunächst nicht mit den schwierigsten. Wenn Sie mit diesem Buch fertig sind, können Sie mit unseren Sudoku-Büchern der Stufe "Mittel" weitermachen. Oder Sie können den nächsten Band fertigmachen, bevor Sie zur nächsten Stufe übergehen. Sie können es entscheiden.

Sudoku ist nicht kompliziert. Es geht dabei nicht um Mathematik. Sie müssen die Felder einfach so ausfüllen, dass in derselben Zeile, Zelle oder Feld keine Zahl wiederholt wird. Es ist ein Logik-Rätsel, mit dessen Lösung Sie beliebig viel Zeit verbringen können. Und wenn Sie fertig sind (oder einen Tipp brauchen, weil Sie hängen geblieben sind), können am Ende des Buches alle Rätsel gefunden werden.

Fangen Sie an. Viel Spaß!

Hideki Tanaka

Spielanleitung

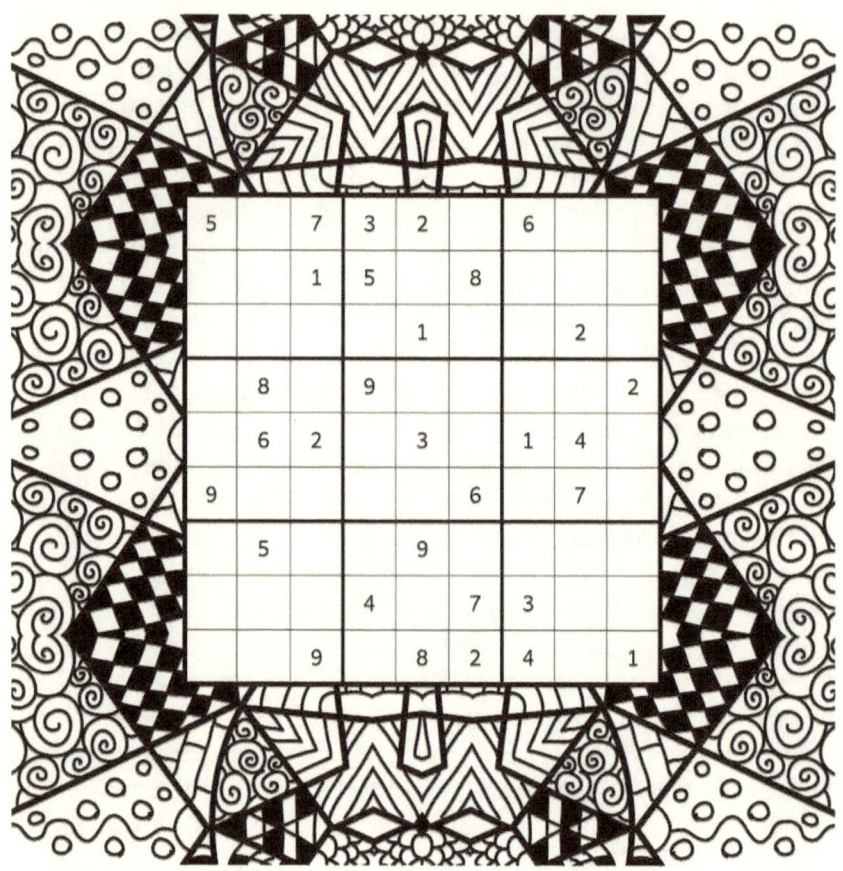

Anweisungen:

Schreiben Sie eine Ziffer von 1 zu 9 in jeder Zelle, damit:
- jede Zeile
- jede Spalte und
- jedes 3x3 Feld (in schwartz)
enthält jede Zahl genau <u>einmal</u>.

So funktioniert es:

5	4	7	3	2	9	6	1	8
2	9	1	5	6	8	7	3	4
8	3	6	7	1	4	9	2	5
4	8	3	9	7	1	5	6	2
7	6	2	8	3	5	1	4	9
9	1	5	2	4	6	8	7	3
6	5	4	1	9	3	2	8	7
1	2	8	4	5	7	3	9	6
3	7	9	6	8	2	4	5	1

200 leichte Sudokus

9					3			
	5			4				
	4	8	7		6			
1		9	8					2
	8	5	6			4	1	3
4					2	9		8
			3		5	6	4	
				6			2	
			2					5

Rätsel #1 – Leicht

8	2					5		
		6			5			
		7	9		4			
					1	2		
1		8	4	7	2	9		6
		2	6					
			8		9	4		
			7			1		
	8						6	2

Rätsel #2 – Leicht

4		5	2					
2		6	4				7	1
		1		3	6		2	
	2							
			1	8	7			
							6	
	8		9	1		7		
7	1					3	2	8
					2	4		6

Rätsel #3 – Leicht

	1	6	2					3
2		5						
	7			8		4		6
						1	3	
		7	8	1	2	9		
	5	8						
5		2		3			7	
						3		9
7					9	5	8	

Rätsel #4 – Leicht

Rätsel #5 – Leicht

		9			4	5		6
4	7	8	6					
	3							4
	9		5		8			
6				7				2
			4		2		5	
7							6	
					5	2	3	8
2			1	3		7		

Rätsel #5 – Leicht

	4	9			5		3	6
	7	3		8	6			2
2								
3						5		
			8		9			
		5						8
								3
6			2	7		9	8	
1	5		9			2	7	

Rätsel #6 – Leicht

Rätsel #7 – Leicht

	6					2	3	
				6	8	1	7	9
	8	7	3					
	4	8					9	
	2					4	6	
						6	9	8
8	4	6	1	3				
	7	5					1	

Rätsel #7 – Leicht

Rätsel #8 – Leicht

8						2	4	
6	4							
				7	9			8
			6				2	
		5	7		8	9		
	3				2			
9			8	1				
							5	7
	8	6						3

Rätsel #8 – Leicht

		3	1		2	6		8
	2	8	4					
			5				4	
	8	2				9	3	
				5				
	3	4				2	7	
	1			5				
				4	3	2		
2		6	3		9	5		

Rätsel #9 – Leicht

1					5			
	6	3	4		8			
			6			1		
7							2	3
	3	5	7	9	2	8	1	
4	8							7
		6			3			
			5		4	9	8	
			9					5

Rätsel #10 – Leicht

6			7	9	1	4		
				4			6	
1			6			9	8	5
								9
	7		9	1	6	5		
3								
7	6	5			2			4
	3			6				
		2	8	5	9			6

Rätsel #11 – Leicht

1	9		8		4			
	4	3		2				
8		5						9
		8	5					6
2								7
7					3	9		
3						6		5
				8		4	9	
			9		5		1	8

Rätsel #12 – Leicht

						1		
3	8							6
		7	9		8		2	4
6		8						
7	3			8			4	5
						2		8
8	6		2		3	7		
4							6	9
		1						

Rätsel #13 – Leicht

				2			7	3
6	3		1					
		5			4			9
1			8	5		9	3	
				1				
	7	9	2	4				8
3			6			7		
					2		9	6
4	9			5				

Rätsel #14 – Leicht

	9	7	5					
4		1	9				6	
8								
		4	8		5		2	
2				3				4
	8		2		1	3		
								6
	5				6	2		3
					8	5	1	

Rätsel #15 – Leicht

7			8		1	9		
2							6	
5			6	7				3
			5					
	5	4				2	7	
					9			
4				2	8			6
	3							2
		1	3		5			9

Rätsel #16 – Leicht

Rätsel #17 – Leicht

8		3	7				1	
5			9					
			4			8	7	6
2			6					
	6			7			8	
					9			5
4	1	2			7			
					6			2
	5				1	7		3

Rätsel #18 – Leicht

	4			5		3	1	
2	9	1		8				
		8					7	
	5	7	2	1	9	6	8	
	6					9		
				7		4	6	2
	8	2		4			3	

Rätsel #19 – Leicht

	3	5			6	8	9	4
1	7	4						
				3				
				1				8
	5	6				4	7	
3				9				
				4				
						7	4	3
6	4	8	3			1	2	

Rätsel #19 – Leicht

	8							
		1		4		2	8	
5	2	7	1					
				7	2			8
	9	5				6	1	
8			6	9				
					9	5	2	3
	4	2		8		1		
							4	

Rätsel #20 – Leicht

		7			3		4	5
	8							
			1	6			2	
	4		3				8	2
5				8				9
8	3				9	7		
	7			5	1			
							1	
3	9		2			6		

Rätsel #21 – Leicht

		7			3		4	5
	8							
			1	6			2	
	4		3				8	2
5				8				9
8	3				9	7		
	7			5	1			
							1	
3	9		2			6		

Rätsel #22 – Leicht

Rätsel #23 – Leicht

Rätsel #24 – Leicht

Rätsel #25 – Leicht

	5		2	3				4
6	4	9			7			
			3			4		
	8	4		1		9	6	
		5			4			
			7			2	3	1
3				2	6		9	

Rätsel #25 – Leicht

Rätsel #26 – Leicht

1		5			2		6	
			7	6			1	
	8		9	1				4
	7			2			3	
9				7	3		8	
	3			9	1			
	6		4			7		1

Rätsel #26 – Leicht

			2	6			7	
			5		1			3
					3		1	2
		1					5	9
4	8						3	7
5	3					8		
3	5		6					
7			8		9			
	1			3	2			

Rätsel #27 – Leicht

8	6				3			
		1				2		
			7				5	1
1			3		2	4	6	
				5				
	4	7	9		8			5
3	7				6			
		6				7		
			2				8	9

Rätsel #28 – Leicht

Rätsel #29 – Leicht

Rätsel #30 – Leicht

Rätsel #31 – Leicht

Rätsel #32 – Leicht

		2		6		1	7	
5			2	4				8
						2		5
2	9	7						
	1	6				4	8	
						3	9	7
4		9						
6				1	3			9
	3	5		9		8		

Rätsel #33 – Leicht

1	4		2			6		
7		9		8				
					5			
		1	5	6		2		
	3						7	
		5		9	2	8		
			6					
				2		5		6
		3			1		2	7

Rätsel #34 – Leicht

Rätsel #35 – Leicht

					1			3
1	8				5			
		3	6		2		8	
8	5					3	2	9
2	1	6					7	5
	3		2		7	8		
			4				5	1
9			1					

Rätsel #35 – Leicht

Rätsel #36 – Leicht

		2	4					
						1	6	
4	3				7			
			7				9	1
9			6	8	1			5
1	8			4				
			9				7	2
	9	8						
				2	3			

Rätsel #36 – Leicht

Rätsel #37 – Leicht

1					8			4
			7	1			9	3
	4	3		6				
6	5						4	8
				5				
3	8						7	5
				4		3	8	
7	6			3	5			
4			6					9

Rätsel #38 – Leicht

3		8		7			1	
		7	1	4		9	3	
		9	5					
2	6			8				
			4		2			
				9			5	2
					9	5		
	9	6		1	5	8		
	8			6		7		1

Rätsel #39 – Leicht

		8	4	5		1		
	6		8					5
	7							
	3	7		9	8			4
4			7	6		9	3	
							6	
3					4		9	
		9		1	3	5		

Rätsel #39 – Leicht

Rätsel #40 – Leicht

5					1			
	3		7		5	1		
		2	9	6		5		
							6	5
	6					9		
2	8							
		4		3	6	8		
	9	1			4		7	
	5							4

Rätsel #40 – Leicht

Rätsel #41 – Leicht

9				1				2
	5						9	
		8		5	4	1		
				7	6		4	9
	1						2	
4	7		2	8				
		1	5	2		3		
	2						1	
5				4				7

Rätsel #42 – Leicht

	1		7			5		
		5					1	2
9				8				
				1	8	7	4	6
	6			2			8	
3	4	8	5	7				
				3				1
6	8					4		
		1			9	6		

Rätsel #43 – Leicht

Rätsel #44 – Leicht

Rätsel #45 – Leicht

Rätsel #46 – Leicht

Rätsel #47 – Leicht

							5	
			8	9		6	3	
					4	8		7
	5	3		8			7	
1				4				2
	4		9		7	5		
5		4	2					
	7	2		3	9			
	8							

Rätsel #47 – Leicht

		8		4				5
	4		9	5			6	
					8	9	2	
5				7		3	8	
	6						9	
	7	3		9				2
	3	2	5					
	8			6	9		5	
4				3		8		

Rätsel #48 – Leicht

Rätsel #49 – Leicht

					8	9	4	7
				9	6	8	2	
						5		
			5	7				4
	2					6		
8			9	2				
		4						
	2	8	3	6				
5	7	1	8					

Rätsel #49 – Leicht

		4	6	1				
			9			5		
9	2	5		8	3			
3		2						
	7						1	
						7		8
			8	4		9	5	6
		1			2			
				6	9	2		

Rätsel #50 – Leicht

Rätsel #51 – Leicht

Rätsel #52 – Leicht

4	9							
					7	4		
	7		9				5	6
5					1			2
7		9	6	2	5	1		4
1			8					7
9	5				6		2	
		8	3					
							8	1

Rätsel #53 – Leicht

9							6	
	2	8	9			5	4	
4			6			2		
						5		2
	3		2	1	8		7	
7		2						
		9			4			7
		7	5		2	6	4	
	6							1

Rätsel #54 – Leicht

1	6		9		3		7	
					7		6	
8						9		4
6		2						
	4			9			1	
						5		9
3		7						1
	5		3					
	8		7		5		9	6

Rätsel #55 – Leicht

8	5		9	3	6	7		
				4	8	2	5	
2	6							
	1	5	3	2	9	4	8	
							7	2
	4	8	5	9				
		9	4	1	2		3	5

Rätsel #56 – Leicht

4		1	9			2		
	6			4	2		8	1
9								
					6	3		8
	5					6		
8		2	4					
								3
5	4		2	3		8		
		7				1	4	9

Rätsel #57 – Leicht

3		6		4		5	1	9
5			7			3		8
1								
			9	5				
	6		4		2		5	
				1	7			
								1
7		1			6			5
6	8	9		2		7		3

Rätsel #58 – Leicht

9			2			3		
	2		4			8	6	
	8							5
				3	4			2
	7	3	6		2	4	5	
2			7	8				
7							1	
	3	5			6		7	
		4			7			3

Rätsel #59 – Leicht

					1			
					7	8	5	3
2	6	5			3	4		
		3		2		5		1
8								4
1		2		5		7		
		8	7			9	6	5
5	2	9	6					
			9					

Rätsel #60 – Leicht

1					4	8		
						2		
		3	6		5	7		
5				3	2	4		
	8						2	
		4	5	1				3
		5	9		6	8		
		1						
	6		1					9

Rätsel #61 – Leicht

9			3			1		
			8	5		9	4	
5	4		9					
7					3		5	
	1						9	
	3		2					8
					8		6	7
	7	4		2	5			
		1			9			3

Rätsel #62 – Leicht

Rätsel #63 – Leicht

1	5		2	3				
			4	5				1
7							2	
	1				9	7		
	2						6	
		7	3				5	
	4							8
2			6	8				
			5	7			4	9

Rätsel #64 – Leicht

7		4	8	1			6	
		9			5	1		
			9					
8					3			
	7	2		6		3	1	
			7					4
			3					
		1	2			7		
	9			5	7	4		8

Rätsel #65 – Leicht

1		5		2	4			9
			6					5
	2				9	6		
					6			3
	8			1			9	
7			8					
		8	9				4	
5					7			
9			3	8		7		1

Rätsel #65 – Leicht

Rätsel #66 – Leicht

						3		5
			2		8			7
			7	5	4		8	
2				1	9			
9	6		8	4	2		7	3
			3	6				2
	1		4	2	5			
8			6		1			
6		7						

Rätsel #66 – Leicht

Rätsel #67 – Leicht

							4	
				6	8	5		
3		7	9			6		
8					7		5	4
2	7						1	3
9	3		4					6
		1			9	8		5
		3	6	8				
	9							

Rätsel #67 – Leicht

	2	8				3		4
9			8					6
		1	7					
		2		7	4		6	
	4						9	
	5		9	3		4		
					6	2		
7					2			8
2		9				6	5	

Rätsel #68 – Leicht

		5					6	
9	4		8					
3					9		5	1
			7	5			2	
6				2				9
	7			9	3			
1	2		5					8
					7		1	6
	3					2		

Rätsel #69 – Leicht

		5		7	3			9
	2			1	9	8		4
	3	2						
	9		6	8	1		5	
						9	7	
8		3	2	4			9	
6			9	3		7		

Rätsel #70 – Leicht

1		4				2		
				7	5	9		
							5	1
			6					5
5		2		4		8		9
6					7			
2	4							
			6	8	1			
			8			7		2

Rätsel #71 – Leicht

	2	5			7			
		8	3					
3			6		5			8
6	9			7		3		
		2				1		
		3		1			9	2
1			8		4			9
					3	4		
			7			6	2	

Rätsel #72 – Leicht

Rätsel #73 – Leicht

Rätsel #74 – Leicht

Rätsel #75 – Leicht

Rätsel #76 – Leicht

Rätsel #77 – Leicht

Rätsel #78 – Leicht

Rätsel #79 – Leicht

2							3	
		6	8			1	7	
4	8				5			9
3	4	8		9				
				5		9	8	7
8			7				9	6
	5	9				2	8	
	6							2

Rätsel #80 – Leicht

	3		8			7	6	
	2	6	3					4
1		9						
				3	7	8	2	
	8	5	1	9				
						2		1
4					8	6	5	
	5	3			1		4	

Rätsel #81 – Leicht

Rätsel #82 – Leicht

9	5	1		7				
7		6					2	
					4		9	
	7	5	3	1				2
8				9	2	1	6	
	6		7					
	2					3		8
				3		2	5	6

Rätsel #83 – Leicht

				9				4
		5			4			1
2	4	1	3				6	
				4				8
8	2	4				3	9	7
7				2				
	8				9	4	1	6
6			4			9		
4				3				

Rätsel #84 – Leicht

Rätsel #85 – Leicht

8			5		4	1	9	
3		9				4		7
			7					
			8			9	7	1
9								6
5	1	7			6			
					7			
1		5				7		2
	4	3	2		5			8

Rätsel #86 – Leicht

						1		
	6		7	4				2
	2				6	5	3	7
	3				2			
6		2				9		5
			6				1	
1	7	3	4				2	
2				9	3		8	
		8						

6		8	3				5	
							3	
5	3			6	7		9	
2		1			3			
				1				
		9				6		5
	4		8	5			6	9
	9							
	6				4	1		8

Rätsel #87 – Leicht

7	1	3						
6				7		5		
			4					6
	5		3	7				4
	4			6		8		
1			5	4		9		
2					8			
	6			9				5
						1	9	8

Rätsel #88 – Leicht

		7						
	3				7		6	1
1	6		4		9			7
		1	2	9			8	
	7			3	6	4		
5			8		1		9	6
7	8		3				4	
						3		

Rätsel #89 – Leicht

		4	1		5			
	5	2	4					
	3			2		7		
	1	3		6				
5	4						8	6
				7		4	1	
		5		9			7	
					6	1	3	
			3			8	6	

Rätsel #90 – Leicht

Rätsel #91 – Leicht

Rätsel #92 – Leicht

Rätsel #93 – Leicht

Rätsel #94 – Leicht

Rätsel #95 – Leicht

				6		3	4	
5					2	1	7	
		3	5				9	2
	2		8		3		1	
4	8				9	5		
	7	2	1					3
	6	4		8				

Rätsel #95 – Leicht

Rätsel #96 – Leicht

4			2					
	3							4
					1	3	7	2
		4	9		5	2		
1	9						6	7
		3	1		6	9		
7	4	9	6					
6						3		
				9				5

Rätsel #96 – Leicht

Rätsel #97 – Leicht

Rätsel #98 – Leicht

Rätsel #99 – Leicht

	6				4	1	7	5
7					9			
	5	8						
	4	2		5				
			7		2			
				3		2	6	
						6	9	
			3					7
9	7	4	2				1	

Rätsel #99 – Leicht

8	4			9		5		2
	2			6		9		
3		5						
			8					5
	3						7	
6					2			
						2		1
		9		1			4	
4		8		5			9	3

Rätsel #100 – Leicht

Rätsel #101 – Leicht

8	1				3	4		7
6						3		
				5	8		6	
7		6	5	1	4			
			8	2	9	6		5
	9		1	3				
		4						8
1		7	4				3	6

Rätsel #101 – Leicht

Rätsel #102 – Leicht

			5			6		1
	3							
					1	4	9	5
9		3		1		5		
	6			8			2	
		7		4		3		9
2	4	9	3					
							4	
3		1			9			

Rätsel #102 – Leicht

		9			1		5	
				5			9	
					6	3	2	1
3			7	4	9	2		
		2	8	1	3			7
8	1	5	2					
	9			8				
	2		1			8		

Rätsel #103 – Leicht

4		2						7
6			7				1	3
9	3							
8			4	6		3		
		3		7		6		
		6		5	8			1
							5	9
1	8				9			2
3						8		4

Rätsel #104 – Leicht

Rätsel #105 – Leicht

7	9	2		8				
1		3						
	5		6	1				
4		6	5	7				
			9	2	6			7
			3	1		9		
						1		2
			2			5	6	8

Rätsel #106 – Leicht

	9			6			5	
			9			3	4	
3					4		9	
					1			
7		1	8		9	2		4
			4					
	3		2					9
	1	5			3			
	4			9			1	

Rätsel #107 – Leicht

3		1		6		5	2	
	2		4				8	
	6		3					9
			5					7
1				2				5
2					8			
9					4	5		
	7				5	9		
	8	6		7		4		2

Rätsel #108 – Leicht

	1							
	4					2	5	
3	5	8	1					
	9		1		5		8	
	2		6		3	1		
6			9		8		7	
			6	7		8	1	
	4	1				7		
						3		

Rätsel #109 – Leicht

Rätsel #110 – Leicht

Rätsel #111 – Leicht

Rätsel #112 – Leicht

Rätsel #113 – Leicht

			5				3	6
3	6		9				8	
					3	4		
		6				8		
	3	8		2		5	1	
		4				9		
		2	1					
	1			6			5	4
4	5			3				

Rätsel #113 – Leicht

8				5		3		7
		6				5	4	
				8	6			
			7				8	5
2								9
3	8				4			
			1	6				
	6	2				8		
9		7		4				2

Rätsel #114 – Leicht

Rätsel #115 – Leicht

			6		5			7
				8	3		1	6
8			9		1		4	
7	3	9				1		
		6				8	7	9
	7		3		9			8
6	9		2	5				
2			8		4			

Rätsel #115 – Leicht

Rätsel #116 – Leicht

		5	9	1				
								5
3	4	6	8				1	
9					6	5		2
				8				
5		8	2					6
	1				8	4	6	9
8								
				4	3	1		

Rätsel #116 – Leicht

6	2			7	5			
1	3		2					
	5					3		
4	9		8		1			
				9				
			5		2		3	4
		7					4	
					7		2	3
			9	2			8	7

Rätsel #117 – Leicht

					8	6		
3				6		2		9
5	6							1
			5					
6	1			3			4	7
				7				
9							2	3
7		1		9				4
		2	4					

Rätsel #118 – Leicht

	1	4			8		2	3
3				7				8
		8			1	9		4
				5				
			5	1	9	8		
				6				
5		1	7			2		
4				5				1
9	6		8			3	5	

Rätsel #119 – Leicht

7		1		3	9	5		
						8		
	2	3						
		2			1	9		5
	3		8		2		4	
9		4	3			2		
						4	5	
			6					
		5	4	2		8		3

Rätsel #120 – Leicht

Rätsel #121

5				7				
		3	1	8	5	4		
4	8		2					
			1			7		8
2		5	6			9		1
3		8	4					
					8		7	9
		6	3	5	7	8		
				9				6

Rätsel #121 – Leicht

1				2			4	
			3		4			
4	5					8		
5		6	1		2			8
	4						2	
2			8		3	7		4
		4					8	7
			4		6			
	9			1				3

Rätsel #122 – Leicht

			3					
				4			8	2
		7		2		9		
	6				4			8
9			8	3	1			5
5			2				7	
		3		8		7		
6	4			9				
				5				

Rätsel #123 – Leicht

6				3	4			9
					6			
9	4	2		5			6	
	6	4			8	7		
	1	9				5	8	
		5	6			4	1	
	2			8		9	7	4
			9					
5				4	2			8

Rätsel #124 – Leicht

Rätsel #125 – Leicht

		2			3		6	
	6	1				3	2	
3			9			7		
			5					
	8	3	6	1	2	5	4	
				8				
		4			9			7
	9	6				8	3	
	1		3			4		

Rätsel #125 – Leicht

Rätsel #126 – Leicht

	4	6						5
2			4	5	3			
							7	1
				9		7		
		4	6	7	2	9		
		2	1					
4	8							
			5	6	8			7
6						3	8	

Rätsel #126 – Leicht

Sudoku #127

	6							
5			7					
9		2		8	4			1
	5		9		6		4	
	1			4			7	
	8		3		5		1	
6			8	5		1		4
				7				9
				5				

Rätsel #127 – Leicht

Sudoku #128

6		3	2					4
	8		3					
9					5			2
		7	8	5				
		1	9	2	3	4		
				1	6	9		
2			5					3
					7		2	
8					2	5		9

Rätsel #128 – Leicht

Rätsel #129

			7	5	8		9	
	3	1	9			2	5	7
9	1	7						
			6		7			
						4	7	2
4	2	3			5	9	6	
	5		3	8	6			

Rätsel #129 – Leicht

Rätsel #130

		6	3	8	9		4	
			4			5	9	
							7	8
5	8		7	6	2		3	1
7	3							
	1	3			4			
	9		6	5	8	2		

Rätsel #130 – Leicht

			8				1	3
	5	2		9	3			
				6	4	5		
9						3	2	
4				3				8
	6	3						5
		6	7	8				
		3	2			9	6	
7	9				5			

Rätsel #131 – Leicht

			8				1	3
	5	2		9	3			
				6	4	5		
9						3	2	
4				3				8
	6	3						5
		6	7	8				
		3	2			9	6	
7	9				5			

Rätsel #132 – Leicht

	3							
		8	6					
		9		7	2		8	
	2		3	9	7			5
	1	6		5		9	7	
5			4	1	6		3	
	6		9	4		2		
					1	4		
							1	

Rätsel #133 – Leicht

	1	5		3	8			7
	3		1				4	
4								9
8				9				
		1		5		9		
				1				4
6								8
	2				3		7	
7			6	8		4	9	

Rätsel #134 – Leicht

Rätsel #135 – Leicht

Rätsel #136 – Leicht

Rätsel #137 – Leicht

Rätsel #138 – Leicht

Rätsel #139 – Leicht

7					5	2	8	4
	4				6			1
	2	9	1		8			3
				2				
8			7		3	9	5	
5			8				6	
2	6	3	5					7

Rätsel #140 – Leicht

					4			
			5	2	7	9	4	
8	7			9		1		2
1	6							5
				5				
7							2	3
6		7		4			8	9
	9	8	3	7	2			
			9					

Rätsel #141 – Leicht

2			5		1			
				2			7	
6			8			1	9	
5	8		1	6				
			7	2		4	8	
9	5			6			2	
1			3					
			7		5		4	

Rätsel #142 – Leicht

	6				3		7	
				4				
	4	3	2	1				
9							3	5
4	3			8			6	2
6	5							9
				2	9	1	4	
				5				
	8		6				5	

Rätsel #143 – Leicht

4					2	7	6	
	3					8		
1								4
	1	9			3			
		2	1	6	4	9		
			5			3	8	
7								8
		1					3	
	6	3	9					5

Rätsel #143 – Leicht

Rätsel #144 – Leicht

2		4			3		9	5
		3	6	9		4	7	
				5	1			
						9		6
		8				3		
1		6						
			7	3				
	3	5		6	4	1		
4	9		1			5		3

Rätsel #144 – Leicht

Rätsel #145 – Leicht

Rätsel #146 – Leicht

Rätsel #147 – Leicht

			2	3			4	5
3					7			
						7	1	3
		2	3			1		
	4	3		7		9	6	
		8			2	3		
1	8	5						
			6					9
9	6			2	8			

Rätsel #147 – Leicht

Rätsel #148 – Leicht

		9						1
2	3		4		1			
				6		7	8	
			6		8		2	
5								3
	7		9		3			
	5	7		8				
			7		4		5	9
3						6		

Rätsel #148 – Leicht

Rätsel #149 – Leicht

9	4			7			6	
6	3		8					9
7		8						
			4			2		
			7	6	2			
		4			8			
						7		2
3					9		8	5
	5			4			9	6

Rätsel #149 – Leicht

			5					3
	9	2	1			7	8	
3	7			9				
			2				3	7
		7				5		
8	5			1				
			5				7	4
	3	6			2	8	1	
2				1				

Rätsel #150 – Leicht

Rätsel #151 – Leicht

Rätsel #152 – Leicht

Rätsel #153 – Leicht

	7							2
	6	7		4	1			
				3	2		7	
	9	2		4	1			5
	4					3		
3			6	9		4	2	
	8		5	2				
		7	4		3	6		
6							8	

Rätsel #153 – Leicht

1		4		3	7	9		
					4		1	
	2			1			8	
2	5	3						
						6	9	3
	7			5			2	
	4		1					
		8	3	9		4		1

Rätsel #154 – Leicht

						7		
	6	1	8			5		9
						6	3	8
1			5			9	2	
			7		1			
	8	4			2			6
4	9	6						
3		8			5	4	9	
		7						

Rätsel #155 – Leicht

7	4	3	2					
	6			1	3	7		
	5		6					
	9	6						
8	7						6	3
						1	8	
					5		4	
		2	8	4			5	
					2	6	3	8

Rätsel #156 – Leicht

Rätsel #157 – Leicht

	7		5				3	
			3					6
		3		7			5	
4		1		3	9	6		
		9	8	5		4		3
	4			2		8		
7					4			
	8				5		2	

Rätsel #157 – Leicht

Rätsel #158 – Leicht

			2			9		
		9					1	5
	1			4	9	8		3
				6			9	
6	7	5				1	8	2
	2			7				
7		2	1	8			4	
4	8					3		
		1			6			

Rätsel #158 – Leicht

9	6				1			
	5		7		9		3	2
		1						
2		5						
	1			9			4	
						6		9
						4		
6	3		1		7		9	
			8				7	5

Rätsel #159 – Leicht

			1	3		5		
		5	4	2		3		
			9			2	8	
	6							3
	9	4		3		6	1	
3							2	
	4	2		8				
		9	4	6		8		
	1		3	2				

Rätsel #160 – Leicht

Rätsel #161 – Leicht

1	4		7	6			2	
	8		4			5		
7				5		1		
						9	6	
			1	3	7			
	2	1						
		7		8				9
		8			6		7	
	6			7	3		1	4

Rätsel #161 – Leicht

Rätsel #162 – Leicht

		7		4			6	
3		5						9
6						1		
4	1				5			
	5	6	4	9	3	8	1	
			7				9	4
		4						1
2						6		8
	6			5		7		

Rätsel #162 – Leicht

	3			8		1		
		1		4	2		5	
					7	9		6
2	7							
			4	9	3			
							6	3
1		6	3					
	5		9	2		6		
		2		1			4	

Rätsel #163 – Leicht

				6				1
			9			5		
1	3					7	8	
	4		7			1		
3								2
		8			3		7	
	1	6					5	9
		2			4			
5				8				

Rätsel #164 – Leicht

	3		9	2				
			4		5			7
							2	5
			5			2		1
7		6				3		8
5		1		8				
3	6							
4			8		3			
				5	2		6	

Rätsel #165 – Leicht

		9	4	7				6
		3			9	8	7	
	3	2						
7		8		3		4		5
						2	1	
	1	7	9			3		
4				8	1	6		

Rätsel #166 – Leicht

	8	1		6		9		
5			4		3	2	1	
2	4							
		8						
			1		2			
						7		
							9	1
	9	5	8		4			2
		7		9		6	4	

Rätsel #167 – Leicht

	9							
				1			9	3
7			9			6	2	1
					9	2		
	2	9	7			6	3	1
		1	5					
2	7	6			5			4
5	3			4				
							6	

Rätsel #168 – Leicht

Rätsel #169 – Leicht

Rätsel #170 – Leicht

4	3			6	5			
5						1	4	
		8	2				9	
				1	7			
7								4
			9	8				
	1					2	7	
	8	2						1
			3	4			2	8

Rätsel #171 – Leicht

					5			7
	4	7	9					
						2	6	9
	9		2	1			8	
2			4		3			6
	1			9	6		3	
4	6	5						
						9	6	5
1			5					

Rätsel #172 – Leicht

Rätsel #173 – Leicht

Rätsel #174 – Leicht

5	4	3			8			
	7				6			
	9	8	5	1				
			6		9	4		1
				7				
1		9	4		3			
				9	4	2	3	
			2				5	
			7			8	1	9

Rätsel #175 – Leicht

	1	2	9	3			7	
	4			7	6			8
	9							
	6		7		8	5		
		4	2		1		3	
							1	
9			6	1			8	
	2			9	3	7	5	

Rätsel #176 – Leicht

Rätsel #177 – Leicht

3	1					9	7	
						7	1	6	2
		7						3
	6							9
1			9	6	4			5
8							1	
9						2		
6	3	2	8					
		4	6				3	8

Rätsel #177 – Leicht

	1	9				2	3	
3								
			1			5	7	
7				6	9	4		
	4	6				1	3	
		5	3	1				6
	9	2			6			
								5
		7	2			6	9	

Rätsel #178 – Leicht

Rätsel #179 – Leicht

					8			
	9	7			5	3		6
					1		2	9
7					9		1	8
	5						9	
6	1		8					7
3	8		2					
9		1	7			2	4	
			1					

Rätsel #179 – Leicht

Rätsel #180 – Leicht

			9			2		
					8	7		6
			7		2		4	3
4	5		3			6		
3								7
		8			9		5	4
8	4		2		5			
7		5	8					
		6			4			

Rätsel #180 – Leicht

Rätsel #181 – Leicht

	7					3		
8	1					5		6
				6	4		9	
		2	4	5				
1								7
				3	9	2		
	3		6	8				
7		1					2	9
		8					1	

Rätsel #181 – Leicht

Rätsel #182 – Leicht

	4				3	1		
			4	6	7			
3	7	6			5			
					1	6	5	2
9	6	1	5					
			7			9	1	5
			8	5	6			
		3	2				4	

Rätsel #182 – Leicht

				3	4		7	6
	7	5		1	3			
							8	
4					7			
3		5		1		2		8
		4						5
	6							
		8	3			5	1	
7	5		6	2				

Rätsel #183 – Leicht

1			9		2			
3	5		8	4	6			
4						7		
		2		8				4
			2		7			
6				1		5		
		4						5
			4	9	3		6	7
			7		8			9

Rätsel #184 – Leicht

Rätsel #185 – Leicht

2	9				6	1		4
		6					3	
			4			7		
	8			5				
6		7				3		8
				2			1	
	2				5			
	7					5		
5		4	9				6	1

Rätsel #185 – Leicht

Rätsel #186 – Leicht

6						8		
	9	2	6				4	
	4	5	2					
	8				5			
	1	7	9	8	2	6	3	
			3				2	
					9	5	7	
	6				3	2	8	
		8						3

Rätsel #186 – Leicht

Rätsel #187 – Leicht

	5		8					1
			7	9	5	2	6	
3							9	8
5				4	9			
			5	6				4
7	4							6
	6	5	2	7	3			
2					4		8	

Rätsel #188 – Leicht

				7	2	3	6	
	2			9				
	3	9		6			7	
	6		7			5		
9	2						4	6
		5			6		8	
	9			8		4	5	
			1			9		
	4	8	9	2				

Rätsel #189 – Leicht

1		4	2		6			7
						2	4	9
	8				4			5
			7					4
			8	5	9			
5					1			
2			9			8		
7	3	5						
8			5		2	7		6

Rätsel #190 – Leicht

			1	6				
		3			5			
			9		2	4	6	1
7	1			2	9	8	4	
2								3
	3	4	5	7			1	2
8	5	9	2		4			
			8			1		
				5	3			

5							2	
	7	9						
	9	5				4	3	1
					8			4
7		2	1		6	9		3
1			4					
4	2	8				3	6	
						9	1	
	7							8

Rätsel #191 – Leicht

1	2	3	4	5	6	7	8	9
					5		4	3
3		6	4	9			8	
				8		6		
							9	8
6			8		9			1
9	4							
		5		3				
	9			1	4	2		7
4	7		2					

Rätsel #192 – Leicht

Rätsel #193 – Leicht

1	5							
	4	2			5	7		
						6		5
3				7	9			
		7	5	4	6	2		
			2	3				7
5		8						
		1	7			4	3	
							7	1

Rätsel #193 – Leicht

Rätsel #194 – Leicht

8	1				6		3	
	4					8		
	7	9	3		5			
				1	8	9		
1								4
		3	9	7				
			4		9	1	6	
		1					9	
	3		1				2	8

Rätsel #194 – Leicht

4	8	7	2	6				9
2				3	4			
	9	3						
			5			9		
	2		4		1		7	
		1			3			
						1	9	
			3	4				2
6				1	9	4	8	3

Rätsel #195 – Leicht

				4		3		5
2	5	6	3				8	
								6
	1	4		3	9			
5				8				4
			2	7		5	1	
8								
	7				3	2	9	8
9		2		1				

Rätsel #196 – Leicht

2					7	6	9	3
					5		2	
1			6					
8		9	7					
		1				5		
					1	9		7
					3			1
	8		2					
6	1	3	9					8

Rätsel #197 – Leicht

4	3		5					
9				2				
2				6	8	5		
							2	7
3	5						9	1
8	2							
		3	7	9				4
			4					8
					1		7	5

Rätsel #198 – Leicht

Rätsel #199 – Leicht

Rätsel #200 – Leicht

Lösungen zu den jeweiligen Sudokus

9	1	6	5	8	3	2	7	4
7	5	2	9	4	1	3	8	6
3	4	8	7	2	6	5	9	1
1	6	9	8	3	7	4	5	2
2	8	5	6	9	4	1	3	7
4	7	3	1	5	2	9	6	8
8	2	7	3	1	5	6	4	9
5	9	1	4	6	8	7	2	3
6	3	4	2	7	9	8	1	5

Lösung zum Rätsel #1

8	2	4	3	1	7	6	5	9
9	1	6	2	8	5	3	4	7
5	3	7	9	6	4	8	2	1
6	7	3	5	9	1	2	8	4
1	5	8	4	7	2	9	3	6
4	9	2	6	3	8	7	1	5
2	6	1	8	5	9	4	7	3
3	4	5	7	2	6	1	9	8
7	8	9	1	4	3	5	6	2

Lösung zum Rätsel #2

4	7	5	2	9	1	6	8	3
2	3	6	4	5	8	9	7	1
8	9	1	7	3	6	5	2	4
3	2	8	6	4	9	1	5	7
5	6	9	1	8	7	3	4	2
1	4	7	3	2	5	8	6	9
6	8	2	9	1	4	7	3	5
7	1	4	5	6	3	2	9	8
9	5	3	8	7	2	4	1	6

Lösung zum Rätsel #3

8	1	6	2	9	4	7	5	3
2	4	5	3	7	6	8	9	1
9	7	3	5	8	1	4	2	6
4	2	9	6	5	7	1	3	8
3	6	7	8	1	2	9	4	5
1	5	8	9	4	3	2	6	7
5	9	2	1	3	8	6	7	4
6	8	4	7	2	5	3	1	9
7	3	1	4	6	9	5	8	2

Lösung zum Rätsel #4

1	2	9	8	3	4	5	7	6
4	7	8	6	5	1	3	2	9
5	3	6	9	2	7	8	1	4
3	9	2	5	6	8	1	4	7
6	4	5	1	7	3	9	8	2
8	1	7	4	9	2	6	5	3
7	5	3	2	8	9	4	6	1
9	6	4	7	1	5	2	3	8
2	8	1	3	4	6	7	9	5

Lösung zum Rätsel #5

8	4	9	7	2	5	1	3	6
5	7	3	1	8	6	4	9	2
2	6	1	3	9	4	8	5	7
3	8	6	4	1	7	5	2	9
4	2	7	8	5	9	3	6	1
9	1	5	6	3	2	7	4	8
7	9	2	5	4	8	6	1	3
6	3	4	2	7	1	9	8	5
1	5	8	9	6	3	2	7	4

Lösung zum Rätsel #6

1	6	9	5	4	7	2	3	8
4	5	3	2	6	8	1	7	9
2	8	7	3	9	1	4	6	5
6	3	4	8	2	5	7	9	1
5	9	1	6	7	3	8	4	2
7	2	8	9	1	4	6	5	3
3	1	2	7	5	6	9	8	4
8	4	6	1	3	9	5	2	7
9	7	5	4	8	2	3	1	6

Lösung zum Rätsel #7

8	7	1	3	5	6	2	4	9
6	4	9	2	8	1	3	7	5
5	2	3	4	7	9	6	1	8
1	9	8	6	3	5	7	2	4
2	6	5	7	4	8	9	3	1
7	3	4	1	9	2	5	8	6
9	5	7	8	1	3	4	6	2
3	1	2	9	6	4	8	5	7
4	8	6	5	2	7	1	9	3

Lösung zum Rätsel #8

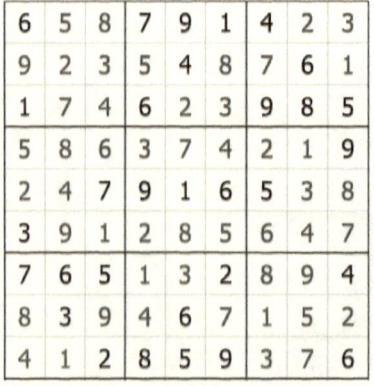

4	5	3	1	7	2	6	9	8
7	2	8	4	9	6	1	5	3
9	6	1	5	3	8	7	4	2
1	8	2	6	4	7	9	3	5
6	7	9	2	5	3	8	1	4
5	3	4	9	8	1	2	7	6
3	1	7	8	2	5	4	6	9
8	9	5	7	6	4	3	2	1
2	4	6	3	1	9	5	8	7

Lösung zum Rätsel #9

1	9	8	2	7	5	4	3	6
5	6	3	4	1	8	2	7	9
2	7	4	6	3	9	1	5	8
7	1	9	8	4	6	5	2	3
6	3	5	7	9	2	8	1	4
4	8	2	3	5	1	6	9	7
9	5	6	1	8	3	7	4	2
3	2	7	5	6	4	9	8	1
8	4	1	9	2	7	3	6	5

Lösung zum Rätsel #10

6	5	8	7	9	1	4	2	3
9	2	3	5	4	8	7	6	1
1	7	4	6	2	3	9	8	5
5	8	6	3	7	4	2	1	9
2	4	7	9	1	6	5	3	8
3	9	1	2	8	5	6	4	7
7	6	5	1	3	2	8	9	4
8	3	9	4	6	7	1	5	2
4	1	2	8	5	9	3	7	6

Lösung zum Rätsel #11

1	9	2	8	5	4	7	6	3
6	4	3	7	2	9	8	5	1
8	7	5	6	3	1	2	4	9
9	3	8	5	4	7	1	2	6
2	6	4	1	9	8	5	3	7
7	5	1	2	6	3	9	8	4
3	8	9	4	1	2	6	7	5
5	1	7	3	8	6	4	9	2
4	2	6	9	7	5	3	1	8

Lösung zum Rätsel #12

2	9	6	3	5	4	1	8	7
3	8	4	7	1	2	5	9	6
1	5	7	9	6	8	3	2	4
6	1	8	4	2	5	9	7	3
7	3	2	1	8	9	6	4	5
9	4	5	6	3	7	2	1	8
8	6	9	2	4	3	7	5	1
4	2	3	5	7	1	8	6	9
5	7	1	8	9	6	4	3	2

Lösung zum Rätsel #13

9	4	1	5	2	8	6	7	3
6	3	8	1	7	9	2	4	5
7	2	5	3	6	4	8	1	9
1	6	4	7	8	5	9	3	2
2	8	3	9	1	6	4	5	7
5	7	9	2	4	3	1	6	8
3	5	2	6	9	1	7	8	4
8	1	7	4	3	2	5	9	6
4	9	6	8	5	7	3	2	1

Lösung zum Rätsel #14

3	9	7	5	6	2	1	4	8
4	2	1	9	8	3	7	6	5
8	6	5	1	7	4	9	3	2
7	3	4	8	9	5	6	2	1
2	1	9	6	3	7	8	5	4
5	8	6	2	4	1	3	9	7
1	7	2	3	5	9	4	8	6
9	5	8	4	1	6	2	7	3
6	4	3	7	2	8	5	1	9

Lösung zum Rätsel #15

7	6	3	8	5	1	9	2	4
2	1	8	4	9	3	5	6	7
5	4	9	6	7	2	1	8	3
3	8	2	5	4	7	6	9	1
9	5	4	1	3	6	2	7	8
1	7	6	2	8	9	4	3	5
4	9	5	7	2	8	3	1	6
6	3	7	9	1	4	8	5	2
8	2	1	3	6	5	7	4	9

Lösung zum Rätsel #16

8	4	3	7	6	2	5	1	9
5	7	6	9	1	8	3	2	4
1	2	9	4	5	3	8	7	6
2	3	1	6	8	5	4	9	7
9	6	5	3	7	4	2	8	1
7	8	4	1	2	9	6	3	5
4	1	2	5	3	7	9	6	8
3	9	7	8	4	6	1	5	2
6	5	8	2	9	1	7	4	3

Lösung zum Rätsel #17

8	4	6	7	5	2	3	1	9
2	9	1	4	8	3	7	5	6
7	3	5	1	9	6	2	4	8
9	2	8	5	6	4	1	7	3
3	5	7	2	1	9	6	8	4
1	6	4	8	3	7	9	2	5
4	7	3	6	2	5	8	9	1
5	1	9	3	7	8	4	6	2
6	8	2	9	4	1	5	3	7

Lösung zum Rätsel #18

2	3	5	1	7	6	8	9	4
1	7	4	5	8	9	3	6	2
8	6	9	4	3	2	5	1	7
4	2	7	6	1	5	9	3	8
9	5	6	8	2	3	4	7	1
3	8	1	7	9	4	2	5	6
7	9	3	2	4	1	6	8	5
5	1	2	9	6	8	7	4	3
6	4	8	3	5	7	1	2	9

Lösung zum Rätsel #19

4	8	9	2	5	3	7	6	1
6	3	1	9	4	7	2	8	5
5	2	7	1	6	8	9	3	4
3	1	6	5	7	2	4	9	8
2	9	5	8	3	4	6	1	7
8	7	4	6	9	1	3	5	2
7	6	8	4	1	9	5	2	3
9	4	2	3	8	5	1	7	6
1	5	3	7	2	6	8	4	9

Lösung zum Rätsel #20

1	3	8	4	6	2	9	7	5
2	9	7	8	5	3	6	1	4
6	5	4	9	7	1	3	2	8
3	1	6	5	2	8	4	9	7
7	8	5	1	4	9	2	3	6
9	4	2	6	3	7	8	5	1
8	2	9	7	1	6	5	4	3
5	7	3	2	8	4	1	6	9
4	6	1	3	9	5	7	8	2

Lösung zum Rätsel #21

1	6	7	8	2	3	9	4	5
2	8	3	4	9	5	7	6	1
9	5	4	1	6	7	3	2	8
7	4	9	3	1	6	5	8	2
5	1	6	7	8	2	4	3	9
8	3	2	5	4	9	1	7	6
4	7	8	6	5	1	2	9	3
6	2	5	9	3	4	8	1	7
3	9	1	2	7	8	6	5	4

Lösung zum Rätsel #22

6	2	4	9	3	7	5	1	8
5	9	1	8	4	2	6	3	7
3	8	7	6	1	5	4	2	9
9	5	2	4	7	1	3	8	6
7	1	8	5	6	3	9	4	2
4	3	6	2	9	8	7	5	1
2	7	3	1	5	9	8	6	4
1	4	9	3	8	6	2	7	5
8	6	5	7	2	4	1	9	3

Lösung zum Rätsel #23

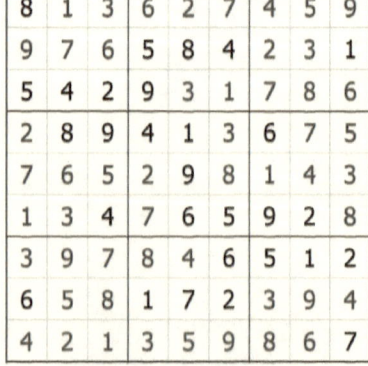

8	1	3	6	2	7	4	5	9
9	7	6	5	8	4	2	3	1
5	4	2	9	3	1	7	8	6
2	8	9	4	1	3	6	7	5
7	6	5	2	9	8	1	4	3
1	3	4	7	6	5	9	2	8
3	9	7	8	4	6	5	1	2
6	5	8	1	7	2	3	9	4
4	2	1	3	5	9	8	6	7

Lösung zum Rätsel #24

1	5	7	2	3	9	6	8	4
8	2	3	6	4	1	7	5	9
6	4	9	8	5	7	3	1	2
9	6	1	3	7	8	4	2	5
7	8	4	5	1	2	9	6	3
2	3	5	9	6	4	1	7	8
4	9	6	7	8	5	2	3	1
5	7	2	1	9	3	8	4	6
3	1	8	4	2	6	5	9	7

Lösung zum Rätsel #25

1	9	5	3	4	2	8	6	7
6	2	7	1	5	8	9	4	3
3	4	8	7	6	9	2	1	5
2	8	3	9	1	6	5	7	4
5	7	6	8	2	4	1	3	9
9	1	4	5	7	3	6	8	2
7	3	2	6	9	1	4	5	8
4	5	1	2	8	7	3	9	6
8	6	9	4	3	5	7	2	1

Lösung zum Rätsel #26

1	9	3	2	6	8	5	7	4
6	2	7	5	4	1	9	8	3
8	4	5	7	9	3	6	1	2
2	7	1	3	8	6	4	5	9
4	8	6	9	2	5	1	3	7
5	3	9	1	7	4	8	2	6
3	5	4	6	1	7	2	9	8
7	6	2	8	5	9	3	4	1
9	1	8	4	3	2	7	6	5

Lösung zum Rätsel #27

8	6	5	1	2	3	9	7	4
7	9	1	8	4	5	2	3	6
4	3	2	7	6	9	8	5	1
1	5	9	3	7	2	4	6	8
2	8	3	6	5	4	1	9	7
6	4	7	9	1	8	3	2	5
3	7	8	4	9	6	5	1	2
9	2	6	5	8	1	7	4	3
5	1	4	2	3	7	6	8	9

Lösung zum Rätsel #28

4	1	6	9	2	7	3	8	5
9	2	7	5	8	3	4	6	1
3	5	8	4	6	1	7	9	2
6	3	1	8	4	2	5	7	9
8	9	5	1	7	6	2	3	4
7	4	2	3	9	5	8	1	6
5	7	4	6	1	8	9	2	3
1	8	9	2	3	4	6	5	7
2	6	3	7	5	9	1	4	8

Lösung zum Rätsel #29

2	1	4	5	9	6	3	7	8
7	9	3	1	8	2	6	4	5
5	6	8	3	4	7	9	2	1
9	2	1	6	7	3	8	5	4
6	4	7	9	5	8	1	3	2
3	8	5	2	1	4	7	6	9
1	7	9	4	3	5	2	8	6
4	3	6	8	2	1	5	9	7
8	5	2	7	6	9	4	1	3

Lösung zum Rätsel #30

1	4	8	6	2	5	9	7	3
2	7	6	9	1	3	5	8	4
9	3	5	7	4	8	2	1	6
6	5	4	2	9	7	1	3	8
3	2	9	1	8	4	7	6	5
8	1	7	5	3	6	4	2	9
7	8	1	3	5	9	6	4	2
5	6	3	4	7	2	8	9	1
4	9	2	8	6	1	3	5	7

Lösung zum Rätsel #31

1	9	6	3	4	5	8	7	2
3	7	5	8	6	2	4	1	9
4	2	8	7	9	1	3	6	5
5	6	1	2	3	9	7	8	4
8	3	2	4	7	6	5	9	1
9	4	7	5	1	8	2	3	6
2	1	4	9	8	7	6	5	3
6	8	3	1	5	4	9	2	7
7	5	9	6	2	3	1	4	8

Lösung zum Rätsel #32

9	8	2	3	6	5	1	7	4
5	6	1	2	4	7	9	3	8
7	4	3	9	8	1	2	6	5
2	9	7	8	3	4	6	5	1
3	1	6	5	7	9	4	8	2
8	5	4	1	2	6	3	9	7
4	2	9	6	5	8	7	1	3
6	7	8	4	1	3	5	2	9
1	3	5	7	9	2	8	4	6

Lösung zum Rätsel #33

1	4	8	2	7	3	6	5	9
7	5	9	4	8	6	3	1	2
3	6	2	9	1	5	7	8	4
9	8	1	5	6	7	2	4	3
2	3	6	1	4	8	9	7	5
4	7	5	3	9	2	8	6	1
5	2	7	6	3	4	1	9	8
8	1	4	7	2	9	5	3	6
6	9	3	8	5	1	4	2	7

Lösung zum Rätsel #34

6	9	2	8	7	1	5	4	3
1	8	7	3	4	5	9	6	2
5	4	3	6	9	2	1	8	7
8	5	4	7	1	6	3	2	9
3	7	9	5	2	4	6	1	8
2	1	6	9	8	3	4	7	5
4	3	1	2	5	7	8	9	6
7	6	8	4	3	9	2	5	1
9	2	5	1	6	8	7	3	4

Lösung zum Rätsel #35

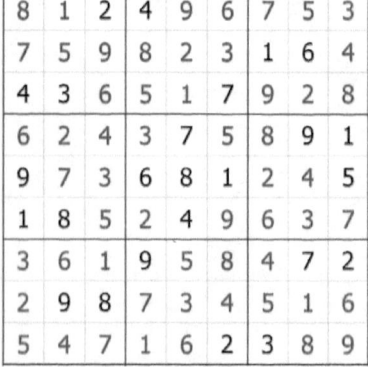

8	1	2	4	9	6	7	5	3
7	5	9	8	2	3	1	6	4
4	3	6	5	1	7	9	2	8
6	2	4	3	7	5	8	9	1
9	7	3	6	8	1	2	4	5
1	8	5	2	4	9	6	3	7
3	6	1	9	5	8	4	7	2
2	9	8	7	3	4	5	1	6
5	4	7	1	6	2	3	8	9

Lösung zum Rätsel #36

1	9	7	3	2	8	5	6	4
5	2	6	7	1	4	8	9	3
8	4	3	5	6	9	1	2	7
6	5	9	1	7	3	2	4	8
2	7	4	8	5	6	9	3	1
3	8	1	4	9	2	6	7	5
9	1	5	2	4	7	3	8	6
7	6	8	9	3	5	4	1	2
4	3	2	6	8	1	7	5	9

Lösung zum Rätsel #37

3	5	8	9	7	6	2	1	4
6	2	7	1	4	8	9	3	5
1	4	9	5	2	3	6	8	7
2	6	5	3	8	1	4	7	9
9	7	1	4	5	2	3	6	8
8	3	4	6	9	7	1	5	2
7	1	2	8	3	9	5	4	6
4	9	6	7	1	5	8	2	3
5	8	3	2	6	4	7	9	1

Lösung zum Rätsel #38

9	2	8	4	5	6	1	7	3
1	6	3	8	7	9	4	2	5
5	7	4	2	3	1	6	8	9
6	3	7	1	9	8	2	5	4
8	9	2	3	4	5	7	1	6
4	5	1	7	6	2	9	3	8
2	4	5	9	8	7	3	6	1
3	1	6	5	2	4	8	9	7
7	8	9	6	1	3	5	4	2

Lösung zum Rätsel #39

5	6	7	3	2	1	4	9	8
9	3	8	7	4	5	1	2	6
1	4	2	9	6	8	5	3	7
4	9	1	8	7	3	2	6	5
3	7	6	4	5	2	9	8	1
2	8	5	6	1	9	7	4	3
7	1	4	2	3	6	8	5	9
6	5	9	1	8	4	3	7	2
8	2	3	5	9	7	6	1	4

Lösung zum Rätsel #40

9	4	3	6	1	7	8	5	2
1	5	7	8	3	2	4	9	6
2	6	8	9	5	4	1	7	3
8	3	2	1	7	6	5	4	9
6	1	5	4	9	3	7	2	8
4	7	9	2	8	5	6	3	1
7	8	1	5	2	9	3	6	4
3	2	4	7	6	8	9	1	5
5	9	6	3	4	1	2	8	7

Lösung zum Rätsel #41

4	1	6	7	9	2	5	3	8
8	7	5	4	6	3	9	1	2
9	3	2	1	8	5	6	7	4
5	2	9	3	1	8	7	4	6
1	6	7	9	2	4	3	8	5
3	4	8	5	7	6	1	2	9
2	9	4	6	3	7	8	5	1
6	8	3	2	5	1	4	9	7
7	5	1	8	4	9	2	6	3

Lösung zum Rätsel #42

3	5	2	4	6	9	7	1	8
4	6	8	3	1	7	2	5	9
9	1	7	8	5	2	6	3	4
8	2	4	5	3	6	9	7	1
1	7	6	2	9	8	3	4	5
5	3	9	1	7	4	8	2	6
2	9	1	6	4	3	5	8	7
7	8	5	9	2	1	4	6	3
6	4	3	7	8	5	1	9	2

Lösung zum Rätsel #43

2	3	6	9	8	7	4	1	5
9	5	4	1	6	2	7	3	8
8	1	7	3	5	4	9	6	2
3	7	8	5	1	9	6	2	4
5	6	2	4	7	3	1	8	9
4	9	1	6	2	8	5	7	3
7	2	9	8	4	1	3	5	6
6	8	3	7	9	5	2	4	1
1	4	5	2	3	6	8	9	7

Lösung zum Rätsel #44

3	1	6	7	9	2	5	4	8
4	8	2	1	3	5	6	7	9
7	5	9	8	4	6	2	1	3
5	7	3	6	8	1	4	9	2
6	2	8	9	7	4	1	3	5
1	9	4	2	5	3	7	8	6
8	6	5	4	1	9	3	2	7
2	4	7	3	6	8	9	5	1
9	3	1	5	2	7	8	6	4

Lösung zum Rätsel #45

1	2	7	5	6	3	9	8	4
4	6	9	1	8	7	5	2	3
8	5	3	4	2	9	1	7	6
7	4	8	6	1	5	3	9	2
2	3	6	7	9	4	8	5	1
5	9	1	2	3	8	6	4	7
3	8	2	9	7	6	4	1	5
9	7	5	3	4	1	2	6	8
6	1	4	8	5	2	7	3	9

Lösung zum Rätsel #46

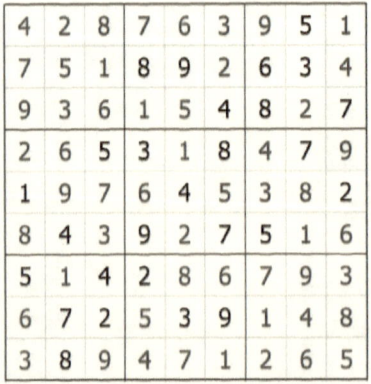

4	2	8	7	6	3	9	5	1
7	5	1	8	9	2	6	3	4
9	3	6	1	5	4	8	2	7
2	6	5	3	1	8	4	7	9
1	9	7	6	4	5	3	8	2
8	4	3	9	2	7	5	1	6
5	1	4	2	8	6	7	9	3
6	7	2	5	3	9	1	4	8
3	8	9	4	7	1	2	6	5

Lösung zum Rätsel #47

9	1	8	2	4	6	7	3	5
2	4	7	9	5	3	1	6	8
3	5	6	7	1	8	9	2	4
5	2	9	6	7	4	3	8	1
8	6	4	3	2	1	5	9	7
1	7	3	8	9	5	6	4	2
6	3	2	5	8	7	4	1	9
7	8	1	4	6	9	2	5	3
4	9	5	1	3	2	8	7	6

Lösung zum Rätsel #48

2	1	6	5	3	8	9	4	7
3	5	7	4	9	6	8	2	1
4	8	9	7	1	2	5	3	6
1	9	3	6	5	7	2	8	4
7	4	2	1	8	3	6	5	9
8	6	5	9	2	4	7	1	3
6	3	4	2	7	5	1	9	8
9	2	8	3	6	1	4	7	5
5	7	1	8	4	9	3	6	2

Lösung zum Rätsel #49

7	8	4	6	1	5	3	2	9
1	6	3	9	2	7	5	8	4
9	2	5	4	8	3	1	6	7
3	4	2	1	7	8	6	9	5
8	7	9	5	3	6	4	1	2
5	1	6	2	9	4	7	3	8
2	3	7	8	4	1	9	5	6
6	9	1	7	5	2	8	4	3
4	5	8	3	6	9	2	7	1

Lösung zum Rätsel #50

1	2	9	5	3	7	8	4	6
8	5	3	4	2	6	7	9	1
4	7	6	8	1	9	5	2	3
7	6	1	9	5	4	3	8	2
3	9	4	2	7	8	1	6	5
2	8	5	3	6	1	9	7	4
5	3	7	6	8	2	4	1	9
6	4	8	1	9	3	2	5	7
9	1	2	7	4	5	6	3	8

Lösung zum Rätsel #51

5	8	7	2	3	4	9	6	1
2	9	3	8	6	1	4	7	5
6	4	1	7	5	9	8	3	2
9	3	8	5	2	7	6	1	4
1	2	4	9	8	6	7	5	3
7	6	5	1	4	3	2	9	8
8	7	9	3	1	2	5	4	6
4	1	2	6	9	5	3	8	7
3	5	6	4	7	8	1	2	9

Lösung zum Rätsel #52

4	9	6	5	1	3	2	7	8
8	3	5	2	6	7	4	1	9
2	7	1	9	4	8	3	5	6
5	4	3	7	9	1	8	6	2
7	8	9	6	2	5	1	3	4
1	6	2	8	3	4	5	9	7
9	5	4	1	8	6	7	2	3
6	1	8	3	7	2	9	4	5
3	2	7	4	5	9	6	8	1

Lösung zum Rätsel #53

9	1	5	4	2	3	7	6	8
6	2	8	9	7	5	4	1	3
4	7	3	6	8	1	2	9	5
8	9	1	7	4	6	5	3	2
5	3	6	2	1	8	9	7	4
7	4	2	3	5	9	1	8	6
3	5	9	1	6	4	8	2	7
1	8	7	5	3	2	6	4	9
2	6	4	8	9	7	3	5	1

Lösung zum Rätsel #54

1	6	4	9	5	3	2	7	8
2	3	9	8	4	7	1	6	5
8	7	5	1	6	2	9	3	4
6	9	2	5	7	1	8	4	3
5	4	3	2	9	8	6	1	7
7	1	8	4	3	6	5	2	9
3	2	7	6	8	9	4	5	1
9	5	6	3	1	4	7	8	2
4	8	1	7	2	5	3	9	6

Lösung zum Rätsel #55

8	5	2	9	3	6	7	1	4
4	9	7	2	5	1	3	6	8
1	3	6	7	4	8	2	5	9
2	6	4	8	7	5	1	9	3
7	1	5	3	2	9	4	8	6
9	8	3	1	6	4	5	7	2
3	4	8	5	9	7	6	2	1
5	2	1	6	8	3	9	4	7
6	7	9	4	1	2	8	3	5

Lösung zum Rätsel #56

4	8	1	9	6	5	2	3	7
7	5	6	3	4	2	9	8	1
9	2	3	7	1	8	5	6	4
1	9	4	5	2	6	3	7	8
3	7	5	1	8	9	6	4	2
8	6	2	4	7	3	1	9	5
2	1	8	6	9	4	7	5	3
5	4	9	2	3	7	8	1	6
6	3	7	8	5	1	4	2	9

Lösung zum Rätsel #57

3	7	6	2	4	8	5	1	9
5	9	4	7	6	1	3	2	8
1	2	8	5	3	9	4	7	6
4	1	7	9	5	3	8	6	2
9	6	3	4	8	2	1	5	7
8	5	2	6	1	7	9	3	4
2	3	5	8	7	4	6	9	1
7	4	1	3	9	6	2	8	5
6	8	9	1	2	5	7	4	3

Lösung zum Rätsel #58

9	5	1	2	6	8	3	4	7
3	2	7	4	5	1	8	6	9
4	8	6	3	7	9	1	2	5
5	6	8	1	3	4	7	9	2
1	7	3	6	9	2	4	5	8
2	4	9	7	8	5	6	3	1
7	9	2	8	4	3	5	1	6
8	3	5	9	1	6	2	7	4
6	1	4	5	2	7	9	8	3

Lösung zum Rätsel #59

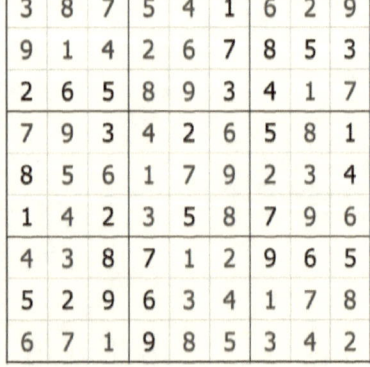

3	8	7	5	4	1	6	2	9
9	1	4	2	6	7	8	5	3
2	6	5	8	9	3	4	1	7
7	9	3	4	2	6	5	8	1
8	5	6	1	7	9	2	3	4
1	4	2	3	5	8	7	9	6
4	3	8	7	1	2	9	6	5
5	2	9	6	3	4	1	7	8
6	7	1	9	8	5	3	4	2

Lösung zum Rätsel #60

1	7	2	3	9	4	5	8	6
9	5	6	8	7	1	2	3	4
8	4	3	6	2	5	7	9	1
5	1	9	7	3	2	4	6	8
3	8	7	4	6	9	1	2	5
6	2	4	5	1	8	9	7	3
7	3	5	9	4	6	8	1	2
4	9	1	2	8	3	6	5	7
2	6	8	1	5	7	3	4	9

Lösung zum Rätsel #61

9	2	7	3	6	4	1	8	5
1	6	3	8	5	7	9	4	2
5	4	8	9	1	2	7	3	6
7	9	6	4	8	3	2	5	1
8	1	2	5	7	6	3	9	4
4	3	5	2	9	1	6	7	8
2	5	9	1	3	8	4	6	7
3	7	4	6	2	5	8	1	9
6	8	1	7	4	9	5	2	3

Lösung zum Rätsel #62

1	5	8	2	3	6	4	9	7
6	9	2	7	4	5	8	3	1
7	3	4	8	9	1	5	2	6
4	1	3	5	6	9	7	8	2
9	2	5	4	7	8	1	6	3
8	6	7	3	1	2	9	5	4
5	4	1	9	2	3	6	7	8
2	7	9	6	8	4	3	1	5
3	8	6	1	5	7	2	4	9

Lösung zum Rätsel #63

7	3	4	8	1	2	9	6	5
6	2	9	4	7	5	1	8	3
1	5	8	3	9	6	2	4	7
8	1	5	9	4	3	6	7	2
4	7	2	5	6	8	3	1	9
9	6	3	7	2	1	8	5	4
2	8	7	6	3	4	5	9	1
5	4	1	2	8	9	7	3	6
3	9	6	1	5	7	4	2	8

Lösung zum Rätsel #64

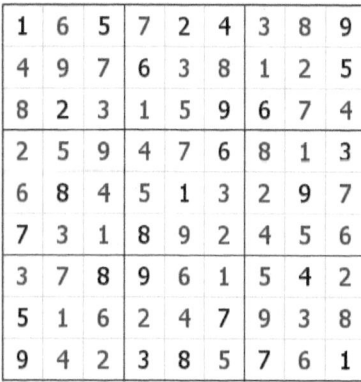

1	6	5	7	2	4	3	8	9
4	9	7	6	3	8	1	2	5
8	2	3	1	5	9	6	7	4
2	5	9	4	7	6	8	1	3
6	8	4	5	1	3	2	9	7
7	3	1	8	9	2	4	5	6
3	7	8	9	6	1	5	4	2
5	1	6	2	4	7	9	3	8
9	4	2	3	8	5	7	6	1

Lösung zum Rätsel #65

7	8	4	1	9	6	3	2	5
5	9	6	2	3	8	4	1	7
1	3	2	7	5	4	6	8	9
2	7	3	5	1	9	8	4	6
9	6	1	8	4	2	5	7	3
4	5	8	3	6	7	1	9	2
3	1	9	4	2	5	7	6	8
8	2	5	6	7	1	9	3	4
6	4	7	9	8	3	2	5	1

Lösung zum Rätsel #66

6	8	9	5	2	3	1	4	7
1	4	2	7	6	8	5	3	9
3	5	7	9	4	1	6	2	8
8	1	6	3	9	7	2	5	4
2	7	4	8	5	6	9	1	3
9	3	5	4	1	2	7	8	6
4	6	1	2	3	9	8	7	5
7	2	3	6	8	5	4	9	1
5	9	8	1	7	4	3	6	2

Lösung zum Rätsel #67

5	2	8	6	1	9	3	7	4
9	7	4	8	2	3	5	1	6
3	6	1	7	4	5	8	2	9
8	9	2	5	7	4	1	6	3
1	4	3	2	6	8	7	9	5
6	5	7	9	3	1	4	8	2
4	8	5	1	9	6	2	3	7
7	1	6	3	5	2	9	4	8
2	3	9	4	8	7	6	5	1

Lösung zum Rätsel #68

7	8	5	3	1	2	9	6	4
9	4	1	8	6	5	7	3	2
3	6	2	4	7	9	8	5	1
8	1	9	7	5	4	6	2	3
6	5	3	1	2	8	4	7	9
2	7	4	6	9	3	1	8	5
1	2	7	5	4	6	3	9	8
4	9	8	2	3	7	5	1	6
5	3	6	9	8	1	2	4	7

Lösung zum Rätsel #69

4	6	5	8	7	3	2	1	9
3	2	7	5	1	9	8	6	4
9	1	8	4	6	2	5	3	7
1	3	2	7	9	5	6	4	8
7	9	4	6	8	1	3	5	2
5	8	6	3	2	4	9	7	1
2	7	9	1	5	6	4	8	3
8	5	3	2	4	7	1	9	6
6	4	1	9	3	8	7	2	5

Lösung zum Rätsel #70

1	5	4	9	6	3	2	8	7
8	2	3	1	7	5	9	4	6
9	6	7	2	8	4	3	5	1
4	3	9	6	2	8	1	7	5
5	7	2	3	4	1	8	6	9
6	8	1	5	9	7	4	2	3
2	4	5	7	3	9	6	1	8
7	9	6	8	1	2	5	3	4
3	1	8	4	5	6	7	9	2

Lösung zum Rätsel #71

4	2	5	1	8	7	9	3	6
7	6	8	3	9	2	5	1	4
3	1	9	6	4	5	2	7	8
6	9	1	2	7	8	3	4	5
8	4	2	5	3	9	1	6	7
5	7	3	4	1	6	8	9	2
1	3	6	8	2	4	7	5	9
2	5	7	9	6	3	4	8	1
9	8	4	7	5	1	6	2	3

Lösung zum Rätsel #72

5	6	1	4	7	2	9	3	8
9	4	2	8	3	1	6	7	5
3	8	7	9	5	6	2	4	1
4	5	9	1	2	3	7	8	6
8	2	6	7	4	5	3	1	9
1	7	3	6	9	8	4	5	2
7	9	5	2	1	4	8	6	3
6	3	4	5	8	9	1	2	7
2	1	8	3	6	7	5	9	4

Lösung zum Rätsel #73

9	6	7	4	2	5	8	3	1
5	3	8	6	7	1	9	2	4
2	1	4	3	9	8	6	7	5
7	4	9	2	8	3	5	1	6
6	8	5	9	1	7	3	4	2
3	2	1	5	6	4	7	8	9
4	7	2	8	5	6	1	9	3
8	9	6	1	3	2	4	5	7
1	5	3	7	4	9	2	6	8

Lösung zum Rätsel #74

4	6	3	2	9	8	5	1	7
7	1	8	3	5	4	9	6	2
5	9	2	7	1	6	3	8	4
9	3	7	1	4	2	8	5	6
2	5	6	9	8	7	1	4	3
1	8	4	5	6	3	7	2	9
3	4	1	6	7	5	2	9	8
8	2	9	4	3	1	6	7	5
6	7	5	8	2	9	4	3	1

Lösung zum Rätsel #75

8	7	1	6	4	3	9	5	2
2	3	6	7	5	9	4	8	1
9	4	5	8	1	2	7	6	3
1	2	7	3	8	5	6	9	4
5	9	4	2	6	1	8	3	7
3	6	8	9	7	4	1	2	5
6	8	2	1	3	7	5	4	9
7	5	9	4	2	6	3	1	8
4	1	3	5	9	8	2	7	6

Lösung zum Rätsel #76

8	6	9	3	7	5	4	2	1
4	7	5	8	1	2	9	6	3
2	3	1	6	9	4	5	7	8
5	2	6	7	3	1	8	4	9
9	1	7	4	5	8	6	3	2
3	8	4	2	6	9	7	1	5
6	4	8	5	2	3	1	9	7
7	9	3	1	8	6	2	5	4
1	5	2	9	4	7	3	8	6

Lösung zum Rätsel #77

8	5	2	3	6	7	4	1	9
4	3	6	9	1	8	2	5	7
1	9	7	4	2	5	6	8	3
6	2	8	7	5	4	9	3	1
5	1	4	6	3	9	8	7	2
3	7	9	2	8	1	5	6	4
2	4	1	8	7	6	3	9	5
7	8	3	5	9	2	1	4	6
9	6	5	1	4	3	7	2	8

Lösung zum Rätsel #78

2	7	5	9	1	6	4	3	8
9	3	6	8	2	4	1	7	5
4	8	1	3	7	5	2	6	9
3	4	8	2	9	7	6	5	1
5	9	7	1	6	8	3	2	4
6	1	2	4	5	3	9	8	7
8	2	4	7	3	1	5	9	6
7	5	9	6	4	2	8	1	3
1	6	3	5	8	9	7	4	2

Lösung zum Rätsel #79

5	3	4	8	1	9	7	6	2
8	2	6	3	7	5	1	9	4
1	7	9	2	4	6	3	8	5
6	4	1	5	3	7	8	2	9
3	9	2	6	8	4	5	1	7
7	8	5	1	9	2	4	3	6
9	6	8	4	5	3	2	7	1
4	1	7	9	2	8	6	5	3
2	5	3	7	6	1	9	4	8

Lösung zum Rätsel #80

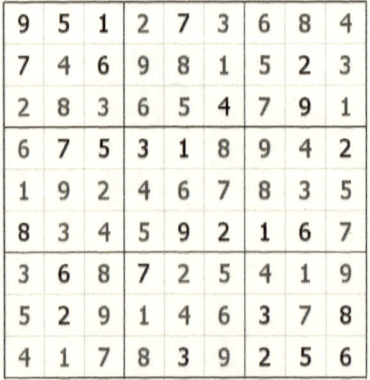

6	1	2	7	3	9	4	5	8
4	8	9	1	5	6	3	2	7
5	7	3	8	2	4	9	6	1
2	6	7	4	1	3	8	9	5
1	3	8	6	9	5	2	7	4
9	5	4	2	8	7	1	3	6
3	4	5	9	7	8	6	1	2
8	9	1	5	6	2	7	4	3
7	2	6	3	4	1	5	8	9

Lösung zum Rätsel #81

4	8	5	7	2	9	6	1	3
2	6	3	4	5	1	9	7	8
9	7	1	6	8	3	2	5	4
6	2	9	8	1	5	3	4	7
8	3	7	2	6	4	1	9	5
1	5	4	3	9	7	8	6	2
7	1	6	5	3	8	4	2	9
5	9	8	1	4	2	7	3	6
3	4	2	9	7	6	5	8	1

Lösung zum Rätsel #82

9	5	1	2	7	3	6	8	4
7	4	6	9	8	1	5	2	3
2	8	3	6	5	4	7	9	1
6	7	5	3	1	8	9	4	2
1	9	2	4	6	7	8	3	5
8	3	4	5	9	2	1	6	7
3	6	8	7	2	5	4	1	9
5	2	9	1	4	6	3	7	8
4	1	7	8	3	9	2	5	6

Lösung zum Rätsel #83

3	6	8	1	9	2	7	5	4
9	7	5	8	6	4	2	3	1
2	4	1	3	5	7	8	6	9
1	5	9	7	4	3	6	2	8
8	2	4	5	1	6	3	9	7
7	3	6	9	2	8	1	4	5
5	8	3	2	7	9	4	1	6
6	1	2	4	8	5	9	7	3
4	9	7	6	3	1	5	8	2

Lösung zum Rätsel #84

8	7	2	5	6	4	1	9	3
3	5	9	1	8	2	4	6	7
4	6	1	7	3	9	8	2	5
6	2	4	8	5	3	9	7	1
9	3	8	4	7	1	2	5	6
5	1	7	9	2	6	3	8	4
2	8	6	3	1	7	5	4	9
1	9	5	6	4	8	7	3	2
7	4	3	2	9	5	6	1	8

Lösung zum Rätsel #85

8	9	7	3	2	5	1	4	6
3	6	5	7	4	1	8	9	2
4	2	1	9	8	6	5	3	7
7	3	9	5	1	2	4	6	8
6	1	2	8	3	4	9	7	5
5	8	4	6	7	9	2	1	3
1	7	3	4	5	8	6	2	9
2	5	6	1	9	3	7	8	4
9	4	8	2	6	7	3	5	1

Lösung zum Rätsel #86

6	1	8	3	4	9	7	5	2
7	2	9	5	8	1	4	3	6
5	3	4	2	6	7	8	9	1
2	5	1	6	7	3	9	8	4
9	8	6	4	1	5	2	7	3
4	7	3	9	2	8	6	1	5
1	4	7	8	5	2	3	6	9
8	9	2	1	3	6	5	4	7
3	6	5	7	9	4	1	2	8

Lösung zum Rätsel #87

7	1	3	6	8	5	2	4	9
6	4	9	2	7	3	5	8	1
5	8	2	4	1	9	3	7	6
9	2	5	8	3	7	6	1	4
3	7	4	9	6	1	8	5	2
1	6	8	5	4	2	9	3	7
2	9	1	7	5	8	4	6	3
8	3	6	1	9	4	7	2	5
4	5	7	3	2	6	1	9	8

Lösung zum Rätsel #88

8	9	7	6	1	3	5	2	4
4	3	2	5	8	7	9	6	1
1	6	5	4	2	9	8	3	7
6	5	1	2	9	4	7	8	3
3	2	4	7	5	8	6	1	9
9	7	8	1	3	6	4	5	2
5	4	3	8	7	1	2	9	6
7	8	9	3	6	2	1	4	5
2	1	6	9	4	5	3	7	8

Lösung zum Rätsel #89

6	7	4	1	3	5	9	2	8
9	5	2	4	8	7	3	6	1
1	3	8	6	2	9	7	4	5
2	1	3	8	6	4	5	9	7
5	4	7	9	1	3	2	8	6
8	9	6	5	7	2	4	1	3
3	6	5	2	9	1	8	7	4
4	8	9	7	5	6	1	3	2
7	2	1	3	4	8	6	5	9

Lösung zum Rätsel #90

Lösung zum Rätsel #91

7	9	1	2	3	5	6	4	8
5	8	2	1	6	4	3	7	9
6	3	4	7	8	9	2	5	1
9	7	6	8	5	2	1	3	4
3	1	5	6	4	7	9	8	2
4	2	8	3	9	1	5	6	7
1	6	3	9	7	8	4	2	5
8	5	9	4	2	3	7	1	6
2	4	7	5	1	6	8	9	3

Lösung zum Rätsel #92

6	1	8	2	7	4	9	5	3
2	4	9	8	3	5	1	6	7
3	5	7	9	6	1	4	2	8
9	6	4	1	5	3	8	7	2
7	3	5	4	8	2	6	1	9
1	8	2	7	9	6	3	4	5
8	2	1	5	4	9	7	3	6
5	7	3	6	1	8	2	9	4
4	9	6	3	2	7	5	8	1

Lösung zum Rätsel #93

2	6	1	5	4	3	7	8	9
7	8	3	2	6	9	1	4	5
5	4	9	7	1	8	3	2	6
3	1	7	8	5	2	6	9	4
4	2	5	1	9	6	8	3	7
8	9	6	4	3	7	5	1	2
6	3	4	9	7	1	2	5	8
1	5	2	6	8	4	9	7	3
9	7	8	3	2	5	4	6	1

Lösung zum Rätsel #94

9	4	8	7	1	6	2	3	5
1	5	7	2	8	3	6	4	9
3	6	2	5	9	4	7	1	8
6	8	1	4	2	5	9	7	3
4	9	5	8	3	7	1	2	6
7	2	3	9	6	1	5	8	4
2	3	6	1	4	9	8	5	7
8	7	4	6	5	2	3	9	1
5	1	9	3	7	8	4	6	2

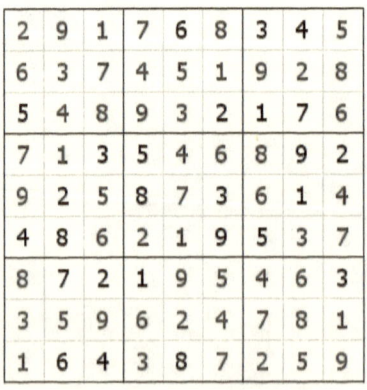

Lösung zum Rätsel #95

2	9	1	7	6	8	3	4	5
6	3	7	4	5	1	9	2	8
5	4	8	9	3	2	1	7	6
7	1	3	5	4	6	8	9	2
9	2	5	8	7	3	6	1	4
4	8	6	2	1	9	5	3	7
8	7	2	1	9	5	4	6	3
3	5	9	6	2	4	7	8	1
1	6	4	3	8	7	2	5	9

Lösung zum Rätsel #96

4	1	7	2	3	8	5	9	6
9	3	2	5	6	7	1	8	4
5	8	6	4	9	1	3	7	2
8	6	4	9	7	5	2	1	3
1	9	5	3	8	2	4	6	7
2	7	3	1	4	6	9	5	8
7	4	9	6	5	3	8	2	1
6	5	1	8	2	4	7	3	9
3	2	8	7	1	9	6	4	5

3	8	7	5	1	4	9	2	6
9	1	4	2	6	8	5	3	7
5	6	2	7	9	3	4	8	1
2	7	5	1	8	9	3	6	4
4	9	6	3	7	2	1	5	8
1	3	8	6	4	5	7	9	2
8	5	1	9	2	7	6	4	3
6	2	9	4	3	1	8	7	5
7	4	3	8	5	6	2	1	9

Lösung zum Rätsel #97

4	9	7	2	6	8	5	3	1
5	3	6	4	1	7	9	8	2
8	1	2	9	5	3	4	7	6
2	7	9	6	8	5	3	1	4
1	5	3	7	4	9	6	2	8
6	8	4	1	3	2	7	5	9
9	4	8	3	7	1	2	6	5
7	2	5	8	9	6	1	4	3
3	6	1	5	2	4	8	9	7

Lösung zum Rätsel #98

3	6	9	8	2	4	1	7	5
7	2	1	5	6	9	3	4	8
4	5	8	1	7	3	9	2	6
1	4	2	6	5	8	7	3	9
6	9	3	7	4	2	8	5	1
5	8	7	9	3	1	2	6	4
8	3	5	4	1	7	6	9	2
2	1	6	3	9	5	4	8	7
9	7	4	2	8	6	5	1	3

Lösung zum Rätsel #99

8	4	6	7	9	1	5	3	2
1	2	7	3	6	5	9	8	4
3	9	5	4	2	8	1	6	7
9	7	1	8	3	6	4	2	5
5	3	2	1	4	9	8	7	6
6	8	4	5	7	2	3	1	9
7	6	3	9	8	4	2	5	1
2	5	9	6	1	3	7	4	8
4	1	8	2	5	7	6	9	3

Lösung zum Rätsel #100

8	1	2	6	9	3	4	5	7
6	7	5	2	4	1	3	8	9
9	4	3	7	5	8	1	6	2
7	8	6	5	1	4	2	9	3
2	5	9	3	6	7	8	4	1
4	3	1	8	2	9	6	7	5
5	9	8	1	3	6	7	2	4
3	6	4	9	7	2	5	1	8
1	2	7	4	8	5	9	3	6

Lösung zum Rätsel #101

4	9	8	5	7	2	6	3	1
1	3	5	6	9	4	2	7	8
6	7	2	8	3	1	4	9	5
9	2	3	7	1	6	5	8	4
5	6	4	9	8	3	1	2	7
8	1	7	2	4	5	3	6	9
2	4	9	3	5	7	8	1	6
7	5	6	1	2	8	9	4	3
3	8	1	4	6	9	7	5	2

Lösung zum Rätsel #102

6	3	9	4	2	1	7	5	8
2	7	1	3	5	8	6	9	4
5	8	4	9	7	6	3	2	1
3	5	8	7	4	9	2	1	6
1	4	7	5	6	2	9	8	3
9	6	2	8	1	3	5	4	7
8	1	5	2	3	7	4	6	9
4	9	3	6	8	5	1	7	2
7	2	6	1	9	4	8	3	5

Lösung zum Rätsel #103

4	1	2	8	3	6	5	9	7
6	5	8	7	9	4	2	1	3
9	3	7	1	2	5	4	8	6
8	9	1	4	6	2	3	7	5
5	4	3	9	7	1	6	2	8
2	7	6	3	5	8	9	4	1
7	6	4	2	8	3	1	5	9
1	8	5	6	4	9	7	3	2
3	2	9	5	1	7	8	6	4

Lösung zum Rätsel #104

7	9	2	3	8	5	4	1	6
1	6	3	2	4	7	8	5	9
8	5	4	6	1	9	2	7	3
4	8	6	5	7	3	9	2	1
2	7	9	1	6	8	3	4	5
5	3	1	4	9	2	6	8	7
6	2	5	8	3	1	7	9	4
9	4	8	7	5	6	1	3	2
3	1	7	9	2	4	5	6	8

Lösung zum Rätsel #105

1	9	4	3	6	7	8	5	2
5	7	6	9	8	2	3	4	1
3	8	2	1	5	4	7	9	6
4	6	3	5	2	1	9	8	7
7	5	1	8	3	9	2	6	4
8	2	9	4	7	6	1	3	5
6	3	8	2	1	5	4	7	9
9	1	5	7	4	3	6	2	8
2	4	7	6	9	8	5	1	3

Lösung zum Rätsel #106

3	9	1	8	6	7	5	2	4
7	2	5	4	1	9	3	8	6
8	6	4	3	5	2	1	7	9
6	4	8	5	9	3	2	1	7
1	3	9	7	2	6	8	4	5
2	5	7	1	4	8	9	6	3
9	1	2	6	3	4	7	5	8
4	7	3	2	8	5	6	9	1
5	8	6	9	7	1	4	3	2

Lösung zum Rätsel #107

7	1	6	5	9	2	3	4	8
9	8	4	7	3	6	2	5	1
2	3	5	8	1	4	9	6	7
4	9	7	1	2	5	6	8	3
8	5	2	6	7	3	1	9	4
1	6	3	9	4	8	5	7	2
3	2	9	4	6	7	8	1	5
5	4	1	3	8	9	7	2	6
6	7	8	2	5	1	4	3	9

Lösung zum Rätsel #108

5	2	3	7	9	1	8	6	4
1	6	8	5	4	2	3	9	7
9	4	7	3	6	8	2	1	5
8	1	2	9	7	6	5	4	3
7	3	9	2	5	4	6	8	1
6	5	4	1	8	3	9	7	2
2	8	6	4	1	5	7	3	9
3	7	1	8	2	9	4	5	6
4	9	5	6	3	7	1	2	8

Lösung zum Rätsel #109

4	3	1	7	5	8	6	9	2
9	5	8	2	1	6	3	4	7
7	2	6	9	4	3	8	5	1
5	8	7	1	6	4	9	2	3
2	9	3	8	7	5	4	1	6
6	1	4	3	9	2	7	8	5
1	4	2	6	8	7	5	3	9
8	6	9	5	3	1	2	7	4
3	7	5	4	2	9	1	6	8

Lösung zum Rätsel #110

5	7	9	3	8	1	4	6	2
3	6	2	9	5	4	1	7	8
4	1	8	2	7	6	9	5	3
6	3	4	8	1	5	2	9	7
8	2	7	4	9	3	6	1	5
9	5	1	6	2	7	8	3	4
7	9	5	1	4	2	3	8	6
1	4	6	7	3	8	5	2	9
2	8	3	5	6	9	7	4	1

Lösung zum Rätsel #111

1	4	2	6	8	7	9	5	3
9	8	5	2	4	3	7	1	6
3	6	7	5	1	9	4	8	2
5	2	8	4	9	6	3	7	1
6	9	3	8	7	1	2	4	5
7	1	4	3	2	5	8	6	9
8	3	6	7	5	2	1	9	4
2	7	1	9	6	4	5	3	8
4	5	9	1	3	8	6	2	7

Lösung zum Rätsel #112

2	4	9	7	5	8	1	3	6
3	6	1	2	9	4	7	8	5
7	8	5	6	1	3	4	2	9
1	2	6	5	7	9	8	4	3
9	3	8	4	2	6	5	1	7
5	7	4	3	8	1	9	6	2
6	9	2	1	4	5	3	7	8
8	1	3	9	6	7	2	5	4
4	5	7	8	3	2	6	9	1

Lösung zum Rätsel #113

8	9	4	2	5	1	3	6	7
1	2	6	3	9	7	5	4	8
7	5	3	4	8	6	9	2	1
6	4	1	7	3	9	2	8	5
2	7	5	6	1	8	4	3	9
3	8	9	5	2	4	1	7	6
5	3	8	1	6	2	7	9	4
4	6	2	9	7	5	8	1	3
9	1	7	8	4	3	6	5	2

Lösung zum Rätsel #114

3	4	1	6	2	5	9	8	7
9	2	7	4	8	3	5	1	6
8	6	5	9	7	1	2	4	3
7	3	9	5	4	8	1	6	2
1	8	2	7	9	6	3	5	4
4	5	6	1	3	2	8	7	9
5	7	4	3	1	9	6	2	8
6	9	8	2	5	7	4	3	1
2	1	3	8	6	4	7	9	5

Lösung zum Rätsel #115

2	8	5	9	1	7	6	3	4
1	9	7	6	3	4	8	2	5
3	4	6	8	5	2	9	1	7
9	3	1	4	7	6	5	8	2
4	6	2	3	8	5	7	9	1
5	7	8	2	9	1	3	4	6
7	1	3	5	2	8	4	6	9
8	5	4	1	6	9	2	7	3
6	2	9	7	4	3	1	5	8

Lösung zum Rätsel #116

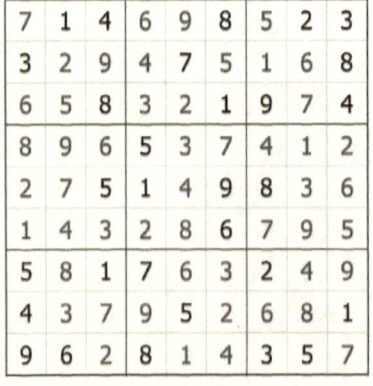

6	2	9	3	7	5	4	1	8
1	3	8	2	4	9	7	6	5
7	5	4	6	1	8	3	9	2
4	9	5	8	3	1	2	7	6
3	6	2	7	9	4	8	5	1
8	7	1	5	6	2	9	3	4
2	8	7	1	5	3	6	4	9
9	1	6	4	8	7	5	2	3
5	4	3	9	2	6	1	8	7

Lösung zum Rätsel #117

1	2	9	7	4	8	6	3	5
3	8	4	1	6	5	2	7	9
5	6	7	3	2	9	4	8	1
2	7	3	5	1	4	9	6	8
6	1	8	9	3	2	5	4	7
4	9	5	6	8	7	3	1	2
9	4	6	8	5	1	7	2	3
7	3	1	2	9	6	8	5	4
8	5	2	4	7	3	1	9	6

Lösung zum Rätsel #118

7	1	4	6	9	8	5	2	3
3	2	9	4	7	5	1	6	8
6	5	8	3	2	1	9	7	4
8	9	6	5	3	7	4	1	2
2	7	5	1	4	9	8	3	6
1	4	3	2	8	6	7	9	5
5	8	1	7	6	3	2	4	9
4	3	7	9	5	2	6	8	1
9	6	2	8	1	4	3	5	7

Lösung zum Rätsel #119

7	6	1	2	3	9	5	8	4
4	5	9	1	6	8	3	2	7
8	2	3	5	7	4	6	1	9
6	8	2	7	4	1	9	3	5
5	3	7	8	9	2	1	4	6
9	1	4	3	5	6	2	7	8
2	7	6	9	8	3	4	5	1
3	4	8	6	1	5	7	9	2
1	9	5	4	2	7	8	6	3

Lösung zum Rätsel #120

5	6	2	9	7	4	1	8	3
7	9	3	1	8	5	4	6	2
4	8	1	2	3	6	5	9	7
6	4	9	5	1	2	7	3	8
2	7	5	8	6	3	9	4	1
3	1	8	7	4	9	6	2	5
1	5	4	6	2	8	3	7	9
9	2	6	3	5	7	8	1	4
8	3	7	4	9	1	2	5	6

Lösung zum Rätsel #121

1	6	7	5	2	8	3	4	9
9	8	2	3	7	4	5	1	6
4	5	3	6	9	1	8	7	2
5	7	6	1	4	2	9	3	8
3	4	8	7	5	9	6	2	1
2	1	9	8	6	3	7	5	4
6	2	4	9	3	5	1	8	7
7	3	1	4	8	6	2	9	5
8	9	5	2	1	7	4	6	3

Lösung zum Rätsel #122

4	2	9	3	5	8	6	1	7
3	1	6	9	4	7	5	8	2
8	5	7	1	2	6	9	4	3
2	6	1	5	7	4	3	9	8
9	7	4	8	3	1	2	6	5
5	3	8	2	6	9	1	7	4
1	9	3	4	8	2	7	5	6
6	4	5	7	9	3	8	2	1
7	8	2	6	1	5	4	3	9

Lösung zum Rätsel #123

6	5	8	7	3	4	1	2	9
1	7	3	2	9	6	8	4	5
9	4	2	8	5	1	3	6	7
2	6	4	5	1	8	7	9	3
7	1	9	3	4	2	5	8	6
8	3	5	6	7	9	4	1	2
3	2	6	1	8	5	9	7	4
4	8	7	9	6	3	2	5	1
5	9	1	4	2	7	6	3	8

Lösung zum Rätsel #124

4	7	2	1	5	3	9	6	8
9	6	1	8	7	4	3	2	5
3	5	8	9	2	6	7	1	4
6	4	9	5	3	7	2	8	1
7	8	3	6	1	2	5	4	9
1	2	5	4	9	8	6	7	3
8	3	4	2	6	9	1	5	7
5	9	6	7	4	1	8	3	2
2	1	7	3	8	5	4	9	6

Lösung zum Rätsel #125

9	4	6	7	8	1	2	3	5
2	1	7	4	5	3	6	9	8
5	3	8	9	2	6	4	7	1
1	6	3	8	4	9	7	5	2
8	5	4	6	7	2	9	1	3
7	9	2	1	3	5	8	6	4
4	8	1	3	9	7	5	2	6
3	2	9	5	6	8	1	4	7
6	7	5	2	1	4	3	8	9

Lösung zum Rätsel #126

7	6	8	1	9	2	4	3	5
5	4	1	7	6	3	2	9	8
9	3	2	5	8	4	7	6	1
2	5	7	9	1	6	8	4	3
3	1	9	2	4	8	5	7	6
4	8	6	3	7	5	9	1	2
6	7	3	8	5	9	1	2	4
1	2	5	4	3	7	6	8	9
8	9	4	6	2	1	3	5	7

Lösung zum Rätsel #127

6	5	3	2	7	1	8	9	4
7	8	2	3	4	9	1	5	6
9	1	4	6	8	5	3	7	2
3	9	7	8	5	4	2	6	1
5	6	1	9	2	3	4	8	7
4	2	8	7	1	6	9	3	5
2	4	9	5	6	8	7	1	3
1	3	5	4	9	7	6	2	8
8	7	6	1	3	2	5	4	9

Lösung zum Rätsel #128

7	9	5	2	1	3	8	4	6
2	6	4	7	5	8	3	9	1
8	3	1	9	6	4	2	5	7
9	1	7	8	4	2	6	3	5
5	4	2	6	3	7	1	8	9
3	8	6	5	9	1	4	7	2
4	2	3	1	7	5	9	6	8
1	5	9	3	8	6	7	2	4
6	7	8	4	2	9	5	1	3

Lösung zum Rätsel #129

2	5	6	3	8	9	1	4	7
3	7	8	4	1	6	5	9	2
9	4	1	5	2	7	3	8	6
1	6	2	9	3	5	4	7	8
5	8	4	7	6	2	9	3	1
7	3	9	8	4	1	6	2	5
8	2	5	1	9	3	7	6	4
6	1	3	2	7	4	8	5	9
4	9	7	6	5	8	2	1	3

Lösung zum Rätsel #130

5	7	6	9	3	1	2	4	8
2	3	1	8	4	5	9	7	6
9	4	8	2	6	7	5	1	3
3	6	2	5	1	8	7	9	4
8	5	7	4	9	2	6	3	1
4	1	9	6	7	3	8	2	5
6	2	3	1	5	9	4	8	7
7	8	4	3	2	6	1	5	9
1	9	5	7	8	4	3	6	2

Lösung zum Rätsel #131

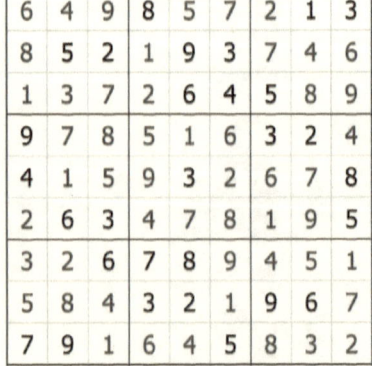

6	4	9	8	5	7	2	1	3
8	5	2	1	9	3	7	4	6
1	3	7	2	6	4	5	8	9
9	7	8	5	1	6	3	2	4
4	1	5	9	3	2	6	7	8
2	6	3	4	7	8	1	9	5
3	2	6	7	8	9	4	5	1
5	8	4	3	2	1	9	6	7
7	9	1	6	4	5	8	3	2

Lösung zum Rätsel #132

6	3	2	5	8	9	7	4	1
1	7	8	6	3	4	5	2	9
4	5	9	1	7	2	3	8	6
8	2	4	3	9	7	1	6	5
3	1	6	2	5	8	9	7	4
5	9	7	4	1	6	8	3	2
7	6	1	9	4	3	2	5	8
2	8	5	7	6	1	4	9	3
9	4	3	8	2	5	6	1	7

Lösung zum Rätsel #133

9	1	5	4	3	8	6	2	7
2	3	7	1	6	9	8	4	5
4	8	6	7	2	5	3	1	9
8	6	4	2	9	7	1	5	3
3	7	1	8	5	4	9	6	2
5	9	2	3	1	6	7	8	4
6	4	9	5	7	1	2	3	8
1	2	8	9	4	3	5	7	6
7	5	3	6	8	2	4	9	1

Lösung zum Rätsel #134

6	4	9	2	5	8	3	1	7
2	5	7	3	6	1	8	9	4
8	1	3	4	9	7	6	5	2
3	6	2	5	1	4	9	7	8
4	9	1	7	8	3	5	2	6
7	8	5	6	2	9	4	3	1
9	3	4	8	7	2	1	6	5
5	2	8	1	3	6	7	4	9
1	7	6	9	4	5	2	8	3

Lösung zum Rätsel #135

7	8	9	3	1	4	2	5	6
6	2	4	8	7	5	1	3	9
5	1	3	2	9	6	4	7	8
8	5	2	6	4	7	9	1	3
3	7	1	9	2	8	6	4	5
4	9	6	1	5	3	8	2	7
2	4	7	5	6	9	3	8	1
1	6	8	7	3	2	5	9	4
9	3	5	4	8	1	7	6	2

Lösung zum Rätsel #136

8	7	6	5	9	2	3	1	4
9	3	2	1	7	4	5	6	8
1	5	4	3	8	6	9	7	2
5	9	3	8	4	7	6	2	1
6	1	7	2	5	3	4	8	9
4	2	8	9	6	1	7	3	5
7	8	5	6	1	9	2	4	3
3	4	1	7	2	5	8	9	6
2	6	9	4	3	8	1	5	7

Lösung zum Rätsel #137

3	1	7	5	6	8	2	9	4
4	8	5	1	9	2	3	7	6
6	9	2	3	7	4	8	5	1
7	2	8	6	1	3	9	4	5
1	3	4	9	8	5	7	6	2
9	5	6	4	2	7	1	8	3
2	7	3	8	5	6	4	1	9
5	4	1	7	3	9	6	2	8
8	6	9	2	4	1	5	3	7

Lösung zum Rätsel #138

1	8	2	3	7	4	5	9	6
7	3	6	9	1	5	2	8	4
9	4	5	2	8	6	7	3	1
6	2	9	1	5	8	4	7	3
3	5	7	4	2	9	6	1	8
8	1	4	7	6	3	9	5	2
5	7	1	8	4	2	3	6	9
2	6	3	5	9	1	8	4	7
4	9	8	6	3	7	1	2	5

Lösung zum Rätsel #139

9	2	5	8	1	4	3	7	6
3	1	6	5	2	7	9	4	8
8	7	4	6	9	3	1	5	2
1	6	2	7	3	8	4	9	5
4	8	3	2	5	9	7	6	1
7	5	9	4	6	1	8	2	3
6	3	7	1	4	5	2	8	9
5	9	8	3	7	2	6	1	4
2	4	1	9	8	6	5	3	7

Lösung zum Rätsel #140

8	2	7	5	9	1	3	6	4
1	4	9	6	2	3	5	7	8
5	6	3	8	4	7	1	9	2
9	5	8	1	6	4	2	3	7
4	7	2	3	5	8	6	1	9
6	3	1	9	7	2	4	8	5
3	9	5	4	8	6	7	2	1
7	1	4	2	3	9	8	5	6
2	8	6	7	1	5	9	4	3

Lösung zum Rätsel #141

1	6	5	8	9	3	2	7	4
7	9	2	5	4	6	3	8	1
8	4	3	2	1	7	5	9	6
9	2	7	1	6	4	8	3	5
4	3	1	9	8	5	7	6	2
6	5	8	7	3	2	4	1	9
5	7	6	3	2	9	1	4	8
3	1	9	4	5	8	6	2	7
2	8	4	6	7	1	9	5	3

Lösung zum Rätsel #142

4	9	5	8	1	2	7	6	3
2	3	6	4	5	7	8	1	9
1	7	8	3	9	6	5	2	4
5	1	9	7	8	3	6	4	2
3	8	2	1	6	4	9	5	7
6	4	7	5	2	9	3	8	1
7	2	4	6	3	5	1	9	8
9	5	1	2	7	8	4	3	6
8	6	3	9	4	1	2	7	5

Lösung zum Rätsel #143

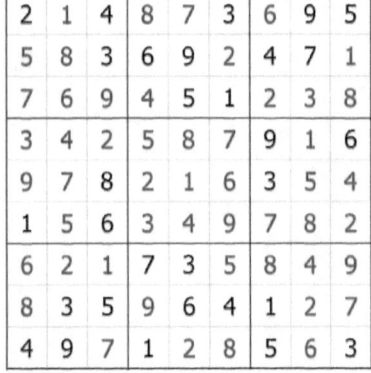

2	1	4	8	7	3	6	9	5
5	8	3	6	9	2	4	7	1
7	6	9	4	5	1	2	3	8
3	4	2	5	8	7	9	1	6
9	7	8	2	1	6	3	5	4
1	5	6	3	4	9	7	8	2
6	2	1	7	3	5	8	4	9
8	3	5	9	6	4	1	2	7
4	9	7	1	2	8	5	6	3

Lösung zum Rätsel #144

6	9	2	8	1	5	4	7	3
5	8	7	3	9	4	1	6	2
4	3	1	2	6	7	9	5	8
2	4	8	1	7	6	3	9	5
9	7	5	4	3	8	2	1	6
1	6	3	9	5	2	7	8	4
7	2	4	6	8	1	5	3	9
3	1	6	5	4	9	8	2	7
8	5	9	7	2	3	6	4	1

Lösung zum Rätsel #145

7	1	6	9	4	2	5	3	8
8	9	4	3	1	5	6	7	2
2	3	5	6	7	8	1	9	4
5	2	7	8	9	1	4	6	3
3	4	1	2	5	6	7	8	9
6	8	9	7	3	4	2	1	5
4	5	8	1	6	9	3	2	7
9	6	3	4	2	7	8	5	1
1	7	2	5	8	3	9	4	6

Lösung zum Rätsel #146

8	7	1	2	3	9	6	4	5
3	5	6	1	4	7	2	9	8
4	2	9	5	8	6	7	1	3
6	9	2	3	5	4	1	8	7
5	4	3	8	7	1	9	6	2
7	1	8	9	6	2	3	5	4
1	8	5	7	9	3	4	2	6
2	3	4	6	1	5	8	7	9
9	6	7	4	2	8	5	3	1

Lösung zum Rätsel #147

7	6	9	8	2	5	3	4	1
2	3	8	4	7	1	5	9	6
4	1	5	3	6	9	7	8	2
1	9	3	6	5	8	4	2	7
5	8	4	2	1	7	9	6	3
6	7	2	9	4	3	8	1	5
9	5	7	1	8	6	2	3	4
8	2	6	7	3	4	1	5	9
3	4	1	5	9	2	6	7	8

Lösung zum Rätsel #148

9	4	2	5	7	1	8	6	3
6	3	5	8	2	4	1	7	9
7	1	8	9	3	6	5	2	4
1	7	6	4	9	3	2	5	8
5	8	3	7	6	2	9	4	1
2	9	4	1	5	8	6	3	7
4	6	9	3	8	5	7	1	2
3	2	7	6	1	9	4	8	5
8	5	1	2	4	7	3	9	6

Lösung zum Rätsel #149

6	1	4	5	7	8	9	2	3
5	9	2	1	3	4	7	8	6
3	7	8	2	9	6	4	5	1
4	6	9	8	2	5	1	3	7
1	2	7	3	6	9	5	4	8
8	5	3	4	1	7	6	9	2
9	8	1	6	5	3	2	7	4
7	3	6	9	4	2	8	1	5
2	4	5	7	8	1	3	6	9

Lösung zum Rätsel #150

5	9	6	8	7	1	2	4	3
1	4	8	3	2	6	9	5	7
3	7	2	9	5	4	1	8	6
4	6	3	5	8	2	7	9	1
8	5	9	7	1	3	4	6	2
2	1	7	4	6	9	8	3	5
7	3	5	2	4	8	6	1	9
9	8	1	6	3	7	5	2	4
6	2	4	1	9	5	3	7	8

Lösung zum Rätsel #151

2	3	7	5	9	4	6	8	1
4	9	5	6	1	8	3	2	7
1	8	6	7	2	3	9	5	4
6	5	4	9	7	1	2	3	8
9	1	8	4	3	2	7	6	5
7	2	3	8	5	6	1	4	9
3	7	9	2	8	5	4	1	6
5	4	1	3	6	7	8	9	2
8	6	2	1	4	9	5	7	3

Lösung zum Rätsel #152

1	7	3	8	6	9	5	4	2
9	2	6	7	5	4	1	3	8
5	4	8	1	3	2	9	7	6
7	9	2	3	4	1	8	6	5
8	6	4	2	7	5	3	9	1
3	5	1	6	9	8	4	2	7
4	8	9	5	2	6	7	1	3
2	1	7	4	8	3	6	5	9
6	3	5	9	1	7	2	8	4

Lösung zum Rätsel #153

1	8	4	2	3	7	9	6	5
6	3	9	5	8	4	2	1	7
7	2	5	6	1	9	3	8	4
2	5	3	9	6	1	7	4	8
8	9	6	7	4	3	1	5	2
4	1	7	8	2	5	6	9	3
3	7	1	4	5	6	8	2	9
9	4	2	1	7	8	5	3	6
5	6	8	3	9	2	4	7	1

Lösung zum Rätsel #154

8	3	5	6	9	4	7	1	2
7	6	1	8	2	3	5	4	9
9	4	2	1	5	7	6	3	8
1	7	3	5	8	6	9	2	4
6	2	9	7	4	1	3	8	5
5	8	4	9	3	2	1	7	6
4	9	6	3	7	8	2	5	1
3	1	8	2	6	5	4	9	7
2	5	7	4	1	9	8	6	3

Lösung zum Rätsel #155

7	4	3	2	5	9	8	1	6
2	6	8	4	1	3	7	9	5
1	5	9	6	8	7	3	2	4
5	9	6	1	3	8	4	7	2
8	7	1	9	2	4	5	6	3
3	2	4	5	7	6	1	8	9
9	8	7	3	6	5	2	4	1
6	3	2	8	4	1	9	5	7
4	1	5	7	9	2	6	3	8

Lösung zum Rätsel #156

8	4	3	2	1	5	9	6	7
2	6	9	7	3	8	4	1	5
5	1	7	6	4	9	8	2	3
1	3	8	5	6	2	7	9	4
6	7	5	3	9	4	1	8	2
9	2	4	8	7	1	5	3	6
7	5	2	1	8	3	6	4	9
4	8	6	9	2	7	3	5	1
3	9	1	4	5	6	2	7	8

Lösung zum Rätsel #157

8	4	3	2	1	5	9	6	7
2	6	9	7	3	8	4	1	5
5	1	7	6	4	9	8	2	3
1	3	8	5	6	2	7	9	4
6	7	5	3	9	4	1	8	2
9	2	4	8	7	1	5	3	6
7	5	2	1	8	3	6	4	9
4	8	6	9	2	7	3	5	1
3	9	1	4	5	6	2	7	8

Lösung zum Rätsel #158

9	6	2	3	8	1	7	5	4
4	5	8	7	6	9	1	3	2
3	7	1	4	2	5	9	8	6
2	9	5	6	7	4	8	1	3
8	1	6	2	9	3	5	4	7
7	4	3	5	1	8	6	2	9
5	8	7	9	3	2	4	6	1
6	3	4	1	5	7	2	9	8
1	2	9	8	4	6	3	7	5

Lösung zum Rätsel #159

4	2	6	8	1	3	9	5	7
9	8	5	7	4	2	3	6	1
1	7	3	6	9	5	2	8	4
2	6	8	1	5	4	7	9	3
7	9	4	2	3	8	6	1	5
3	5	1	9	7	6	4	2	8
6	4	2	5	8	7	1	3	9
5	3	9	4	6	1	8	7	2
8	1	7	3	2	9	5	4	6

Lösung zum Rätsel #160

1	4	5	7	6	9	3	2	8
6	8	3	4	1	2	5	9	7
7	9	2	3	5	8	1	4	6
3	7	4	8	2	5	9	6	1
9	5	6	1	3	7	4	8	2
8	2	1	6	9	4	7	3	5
4	3	7	2	8	1	6	5	9
5	1	8	9	4	6	2	7	3
2	6	9	5	7	3	8	1	4

Lösung zum Rätsel #161

1	9	7	3	4	8	2	6	5
3	2	5	1	7	6	4	8	9
6	4	8	5	2	9	1	3	7
4	1	9	2	8	5	3	7	6
7	5	6	4	9	3	8	1	2
8	3	2	7	6	1	5	9	4
5	8	4	6	3	7	9	2	1
2	7	3	9	1	4	6	5	8
9	6	1	8	5	2	7	4	3

Lösung zum Rätsel #162

6	3	7	5	8	9	1	2	4
9	8	1	6	4	2	3	5	7
5	2	4	1	3	7	9	8	6
2	7	3	8	6	1	4	9	5
8	6	5	4	9	3	7	1	2
4	1	9	2	7	5	8	6	3
1	4	6	3	5	8	2	7	9
7	5	8	9	2	4	6	3	1
3	9	2	7	1	6	5	4	8

Lösung zum Rätsel #163

2	5	4	8	6	7	3	9	1
8	6	7	9	3	1	5	2	4
1	3	9	2	4	5	7	8	6
6	4	5	7	2	9	1	3	8
3	7	1	4	5	8	9	6	2
9	2	8	6	1	3	4	7	5
4	1	6	3	7	2	8	5	9
7	8	2	5	9	4	6	1	3
5	9	3	1	8	6	2	4	7

Lösung zum Rätsel #164

6	3	5	9	2	7	8	1	4
2	1	9	4	8	5	6	3	7
8	7	4	6	3	1	9	2	5
9	8	3	5	7	6	2	4	1
7	4	6	2	1	9	3	5	8
5	2	1	3	4	8	7	9	6
3	6	7	1	9	4	5	8	2
4	5	2	8	6	3	1	7	9
1	9	8	7	5	2	4	6	3

Lösung zum Rätsel #165

6	7	1	8	2	3	5	4	9
8	2	9	4	7	5	1	3	6
5	4	3	6	1	9	8	7	2
1	3	2	5	9	4	7	6	8
7	6	8	1	3	2	4	9	5
9	5	4	7	6	8	2	1	3
2	1	7	9	5	6	3	8	4
4	9	5	3	8	1	6	2	7
3	8	6	2	4	7	9	5	1

Lösung zum Rätsel #166

3	8	1	2	6	7	9	5	4
5	7	9	4	8	3	2	1	6
2	4	6	9	5	1	8	3	7
7	5	8	6	4	9	1	2	3
9	6	3	1	7	2	4	8	5
4	1	2	5	3	8	7	6	9
8	3	4	7	2	6	5	9	1
6	9	5	8	1	4	3	7	2
1	2	7	3	9	5	6	4	8

Lösung zum Rätsel #167

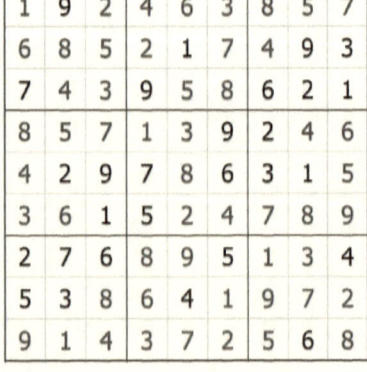

1	9	2	4	6	3	8	5	7
6	8	5	2	1	7	4	9	3
7	4	3	9	5	8	6	2	1
8	5	7	1	3	9	2	4	6
4	2	9	7	8	6	3	1	5
3	6	1	5	2	4	7	8	9
2	7	6	8	9	5	1	3	4
5	3	8	6	4	1	9	7	2
9	1	4	3	7	2	5	6	8

Lösung zum Rätsel #168

5	8	4	1	7	6	2	3	9
3	7	6	5	9	2	8	4	1
9	1	2	8	4	3	7	6	5
6	3	9	4	1	8	5	2	7
8	2	5	7	6	9	4	1	3
7	4	1	2	3	5	9	8	6
1	9	8	6	2	7	3	5	4
4	5	7	3	8	1	6	9	2
2	6	3	9	5	4	1	7	8

Lösung zum Rätsel #169

8	1	7	9	5	4	2	6	3
3	6	9	2	1	8	5	7	4
4	5	2	3	6	7	9	8	1
6	7	4	8	3	5	1	2	9
1	9	5	4	2	6	7	3	8
2	3	8	1	7	9	4	5	6
5	8	3	7	4	1	6	9	2
7	2	1	6	9	3	8	4	5
9	4	6	5	8	2	3	1	7

Lösung zum Rätsel #170

4	3	9	1	6	5	8	7	2
5	2	6	7	9	8	1	4	3
1	7	8	2	3	4	5	9	6
8	9	3	4	1	7	2	6	5
7	6	1	5	2	3	9	8	4
2	4	5	9	8	6	3	1	7
6	1	4	8	5	2	7	3	9
3	8	2	6	7	9	4	5	1
9	5	7	3	4	1	6	2	8

Lösung zum Rätsel #171

9	2	1	6	3	5	8	4	7
6	4	7	9	2	8	3	1	5
8	5	3	1	7	4	2	6	9
3	9	6	2	1	7	5	8	4
2	7	8	4	5	3	1	9	6
5	1	4	8	9	6	7	3	2
4	6	5	7	8	1	9	2	3
7	8	2	3	4	9	6	5	1
1	3	9	5	6	2	4	7	8

Lösung zum Rätsel #172

8	9	2	3	7	5	1	4	6
5	6	7	4	1	8	9	3	2
3	4	1	6	2	9	7	8	5
7	2	5	1	8	6	3	9	4
9	8	3	2	4	7	5	6	1
4	1	6	9	5	3	8	2	7
6	5	8	7	3	4	2	1	9
2	3	4	5	9	1	6	7	8
1	7	9	8	6	2	4	5	3

Lösung zum Rätsel #173

6	7	9	1	2	3	4	8	5
3	5	8	7	6	4	9	1	2
1	2	4	5	8	9	6	7	3
9	6	2	4	5	8	1	3	7
5	4	3	9	1	7	2	6	8
8	1	7	2	3	6	5	9	4
7	8	1	6	4	2	3	5	9
4	9	6	3	7	5	8	2	1
2	3	5	8	9	1	7	4	6

Lösung zum Rätsel #174

5	4	3	9	2	8	1	6	7
2	7	1	3	4	6	9	8	5
6	9	8	5	1	7	3	4	2
3	5	7	6	8	9	4	2	1
8	6	4	1	7	2	5	9	3
1	2	9	4	5	3	6	7	8
7	1	5	8	9	4	2	3	6
9	8	6	2	3	1	7	5	4
4	3	2	7	6	5	8	1	9

Lösung zum Rätsel #175

8	1	2	9	3	4	6	7	5
5	4	3	1	7	6	2	9	8
6	9	7	8	2	5	1	4	3
3	6	9	7	4	8	5	2	1
2	8	1	3	5	9	4	6	7
7	5	4	2	6	1	8	3	9
4	3	6	5	8	7	9	1	2
9	7	5	6	1	2	3	8	4
1	2	8	4	9	3	7	5	6

Lösung zum Rätsel #176

3	1	6	2	5	9	7	8	4
5	9	8	3	4	7	1	6	2
4	2	7	1	8	6	5	9	3
2	6	5	7	1	8	3	4	9
1	7	3	9	6	4	8	2	5
8	4	9	5	3	2	6	1	7
9	8	1	4	7	3	2	5	6
6	3	2	8	9	5	4	7	1
7	5	4	6	2	1	9	3	8

Lösung zum Rätsel #177

5	1	9	4	7	2	3	6	8
3	7	4	6	5	8	9	2	1
2	6	8	1	9	3	5	7	4
7	3	1	8	6	9	4	5	2
8	4	6	7	2	5	1	3	9
9	2	5	3	1	4	7	8	6
1	9	2	5	3	6	8	4	7
6	8	3	9	4	7	2	1	5
4	5	7	2	8	1	6	9	3

Lösung zum Rätsel #178

2	3	6	9	7	8	1	5	4
1	9	7	4	2	5	3	8	6
8	4	5	6	3	1	7	2	9
7	2	3	5	6	9	4	1	8
4	5	8	3	1	7	6	9	2
6	1	9	8	4	2	5	3	7
3	8	4	2	5	6	9	7	1
9	6	1	7	8	3	2	4	5
5	7	2	1	9	4	8	6	3

Lösung zum Rätsel #179

6	8	7	9	4	3	2	1	5
2	3	4	5	1	8	7	9	6
5	9	1	7	6	2	8	4	3
4	5	9	3	8	7	6	2	1
3	6	2	4	5	1	9	8	7
1	7	8	6	2	9	3	5	4
8	4	3	2	7	5	1	6	9
7	1	5	8	9	6	4	3	2
9	2	6	1	3	4	5	7	8

Lösung zum Rätsel #180

9	7	6	5	1	8	3	4	2
8	1	4	2	9	3	5	7	6
5	2	3	7	6	4	1	9	8
3	8	2	4	5	7	9	6	1
1	9	5	8	2	6	4	3	7
6	4	7	1	3	9	2	8	5
2	3	9	6	8	1	7	5	4
7	6	1	3	4	5	8	2	9
4	5	8	9	7	2	6	1	3

Lösung zum Rätsel #181

8	4	5	9	2	3	1	6	7
2	1	9	4	6	7	5	3	8
3	7	6	1	8	5	4	2	9
4	8	7	3	9	1	6	5	2
5	3	2	6	4	8	7	9	1
9	6	1	5	7	2	3	8	4
6	2	8	7	3	4	9	1	5
1	9	4	8	5	6	2	7	3
7	5	3	2	1	9	8	4	6

Lösung zum Rätsel #182

5	1	2	8	3	4	9	7	6
8	9	7	5	6	1	3	2	4
6	3	4	7	9	2	5	8	1
4	8	9	2	5	7	6	1	3
3	7	5	9	1	6	2	4	8
1	2	6	4	8	3	7	9	5
2	6	3	1	4	9	8	5	7
9	4	8	3	7	5	1	6	2
7	5	1	6	2	8	4	3	9

Lösung zum Rätsel #183

1	8	6	9	7	2	4	5	3
3	5	7	8	4	6	9	2	1
4	2	9	1	3	5	7	8	6
7	3	2	5	8	9	6	1	4
5	4	1	2	6	7	3	9	8
6	9	8	3	1	4	5	7	2
9	7	4	6	2	1	8	3	5
8	1	5	4	9	3	2	6	7
2	6	3	7	5	8	1	4	9

Lösung zum Rätsel #184

2	9	3	5	7	6	1	8	4
7	4	6	8	1	2	9	3	5
8	1	5	4	3	9	7	2	6
4	8	1	7	5	3	6	9	2
6	2	7	1	9	4	3	5	8
3	5	9	6	2	8	4	1	7
1	6	2	3	4	5	8	7	9
9	7	8	2	6	1	5	4	3
5	3	4	9	8	7	2	6	1

Lösung zum Rätsel #185

6	3	1	7	9	4	8	5	2
7	9	2	6	5	8	3	4	1
8	4	5	2	3	1	7	6	9
2	8	3	1	6	5	4	9	7
4	1	7	9	8	2	6	3	5
9	5	6	3	4	7	1	2	8
3	2	4	8	1	9	5	7	6
1	6	9	5	7	3	2	8	4
5	7	8	4	2	6	9	1	3

Lösung zum Rätsel #186

9	5	2	8	3	6	4	7	1
4	1	8	7	9	5	2	6	3
3	7	6	4	2	1	5	9	8
5	8	7	3	4	9	6	1	2
6	3	4	1	8	2	9	5	7
1	2	9	5	6	7	8	3	4
7	4	1	9	5	8	3	2	6
8	6	5	2	7	3	1	4	9
2	9	3	6	1	4	7	8	5

Lösung zum Rätsel #187

1	8	4	5	7	2	3	6	9
6	7	2	4	3	9	8	1	5
5	3	9	8	6	1	2	7	4
8	6	3	7	1	4	5	9	2
9	2	7	3	5	8	1	4	6
4	1	5	2	9	6	7	8	3
2	9	1	6	8	3	4	5	7
3	5	6	1	4	7	9	2	8
7	4	8	9	2	5	6	3	1

Lösung zum Rätsel #188

1	5	4	2	9	6	3	8	7
3	6	7	1	8	5	2	4	9
9	2	8	3	7	4	1	6	5
6	8	9	7	2	3	5	1	4
4	1	2	8	5	9	6	7	3
5	7	3	4	6	1	9	2	8
2	4	6	9	3	7	8	5	1
7	3	5	6	1	8	4	9	2
8	9	1	5	4	2	7	3	6

Lösung zum Rätsel #189

4	9	2	1	6	7	5	3	8
1	6	3	4	8	5	9	2	7
5	7	8	9	3	2	4	6	1
7	1	6	3	2	9	8	4	5
2	8	5	6	4	1	7	9	3
9	3	4	5	7	8	6	1	2
8	5	9	2	1	4	3	7	6
3	2	7	8	9	6	1	5	4
6	4	1	7	5	3	2	8	9

Lösung zum Rätsel #190

5	3	4	6	8	1	7	2	9
2	1	7	9	3	4	8	5	6
8	6	9	5	2	7	4	3	1
6	9	5	3	7	8	2	1	4
7	4	2	1	5	6	9	8	3
1	8	3	4	9	2	5	6	7
4	2	8	7	1	3	6	9	5
3	5	6	8	4	9	1	7	2
9	7	1	2	6	5	3	4	8

Lösung zum Rätsel #191

7	8	9	6	2	5	1	4	3
3	5	6	4	9	1	7	8	2
1	2	4	7	8	3	6	5	9
5	1	2	3	7	6	4	9	8
6	3	7	8	4	9	5	2	1
9	4	8	1	5	2	3	7	6
2	6	5	9	3	7	8	1	4
8	9	3	5	1	4	2	6	7
4	7	1	2	6	8	9	3	5

Lösung zum Rätsel #192

1	5	9	6	2	7	3	8	4
6	4	2	3	8	5	7	1	9
7	8	3	1	9	4	6	2	5
3	2	5	8	7	9	1	4	6
8	1	7	5	4	6	2	9	3
4	9	6	2	3	1	8	5	7
5	7	8	4	1	3	9	6	2
9	6	1	7	5	2	4	3	8
2	3	4	9	6	8	5	7	1

Lösung zum Rätsel #193

8	1	5	2	4	6	7	3	9
3	4	2	7	9	1	8	5	6
6	7	9	3	8	5	2	4	1
2	6	4	5	1	8	9	7	3
1	9	7	6	2	3	5	8	4
5	8	3	9	7	4	6	1	2
7	2	8	4	3	9	1	6	5
4	5	1	8	6	2	3	9	7
9	3	6	1	5	7	4	2	8

Lösung zum Rätsel #194

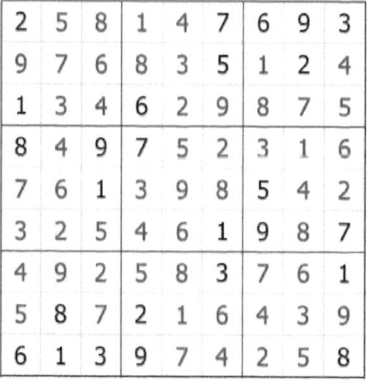

4	8	7	2	6	5	3	1	9
2	1	6	9	3	4	7	5	8
5	9	3	1	8	7	6	2	4
7	4	8	5	2	6	9	3	1
3	2	5	4	9	1	8	7	6
9	6	1	8	7	3	2	4	5
8	3	4	6	5	2	1	9	7
1	7	9	3	4	8	5	6	2
6	5	2	7	1	9	4	8	3

Lösung zum Rätsel #195

1	9	7	8	4	6	3	2	5
2	5	6	3	9	7	4	8	1
4	8	3	1	2	5	9	7	6
7	1	4	5	3	9	8	6	2
5	2	9	6	8	1	7	3	4
3	6	8	2	7	4	5	1	9
8	3	5	9	6	2	1	4	7
6	7	1	4	5	3	2	9	8
9	4	2	7	1	8	6	5	3

Lösung zum Rätsel #196

2	5	8	1	4	7	6	9	3
9	7	6	8	3	5	1	2	4
1	3	4	6	2	9	8	7	5
8	4	9	7	5	2	3	1	6
7	6	1	3	9	8	5	4	2
3	2	5	4	6	1	9	8	7
4	9	2	5	8	3	7	6	1
5	8	7	2	1	6	4	3	9
6	1	3	9	7	4	2	5	8

Lösung zum Rätsel #197

4	3	8	5	7	9	1	6	2
9	6	5	1	4	2	7	8	3
2	7	1	3	6	8	5	4	9
1	9	4	6	5	3	8	2	7
3	5	6	2	8	7	4	9	1
8	2	7	9	1	4	3	5	6
5	8	3	7	9	6	2	1	4
7	1	9	4	2	5	6	3	8
6	4	2	8	3	1	9	7	5

Lösung zum Rätsel #198

7	3	5	9	2	8	6	1	4
1	4	8	3	5	6	2	7	9
2	9	6	1	7	4	8	5	3
5	8	4	2	1	9	7	3	6
3	6	2	4	8	7	5	9	1
9	1	7	6	3	5	4	8	2
6	5	9	8	4	3	1	2	7
4	7	1	5	9	2	3	6	8
8	2	3	7	6	1	9	4	5

Lösung zum Rätsel #199

9	2	7	1	8	3	4	6	5
3	6	4	2	7	5	8	1	9
1	8	5	9	6	4	7	3	2
2	9	8	6	5	7	3	4	1
7	5	3	4	1	9	2	8	6
4	1	6	8	3	2	9	5	7
8	7	2	5	4	1	6	9	3
6	3	1	7	9	8	5	2	4
5	4	9	3	2	6	1	7	8

Lösung zum Rätsel #200